够营养100道
孕妈咪百变面点

孙晶丹 编著

孕期
9-10月

孕期
1-2月

孕期
3-4月

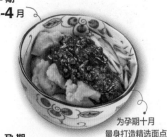

为孕期十月
量身打造精选面点

孕期
5-6月

孕期
7-8月

新疆人民出版总社
新疆人民卫生出版社

U0323537

孕妈咪私房料理大搜秘

P110
豆菜面

豆芽菜简单料理后，
反而保存了天然的脆甜，
口感清爽宜人。

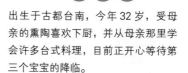

夏 美 美

出生于古都台南，今年 32 岁，受母
亲的熏陶喜欢下厨，并从母亲那里学
会许多台式料理，目前正开心等待第
三个宝宝的降临。

P014
时蔬炒面

只需掌握拌炒技巧，
便可以做出美味满分的乌龙面！

 金 鸥 爸

美美的丈夫，33 岁，受美美的影响
开始下厨，拿手菜为凉拌料理及中式
简易甜点，未来希望可以成为另一半
及孩子们的点菜机。

P055
豆腐鲜鱼面线

香菇、姜片、
豆腐及鲷鱼熬煮后，
自然鲜甜味全溶解在汤汁中。

P010
莎莎酱鲔鱼面
孕妈咪可挑选无调味的罐头水煮鲔鱼来入菜，以简化烹煮程序。

美美的大女儿，5岁，喜爱意大利面料理，最喜欢全家一起待在厨房做菜，因为那时候自己也可以动手做。

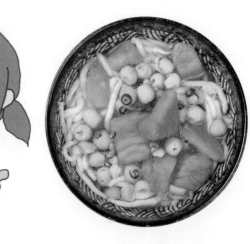

P046 莲子乌冬面
红薯、莲子与乌冬面是绝佳搭配，令人想要立刻大快朵颐。

美美的小儿子，4岁，天性嗜甜，任何甜点种类都很爱，最喜欢爸比把甜滋滋的水果和乌冬面一起料理，每次都能多吃一碗。

P048
红豆乌冬面
红豆蕴含锌，对孕妈咪来说是不错的选择。

CONTENTS

Part 1
孕期1、2月精选食谱

Part 2
孕期3、4月精选食谱

Part 3
孕期5、6月精选食谱

Part 4

孕期 7、8 月精选食谱

Part 5

孕期 9、10 月精选食谱

Part 6

孕期 40 周相关知识

面类介绍

粗面

细面

河粉

油面

面疙瘩

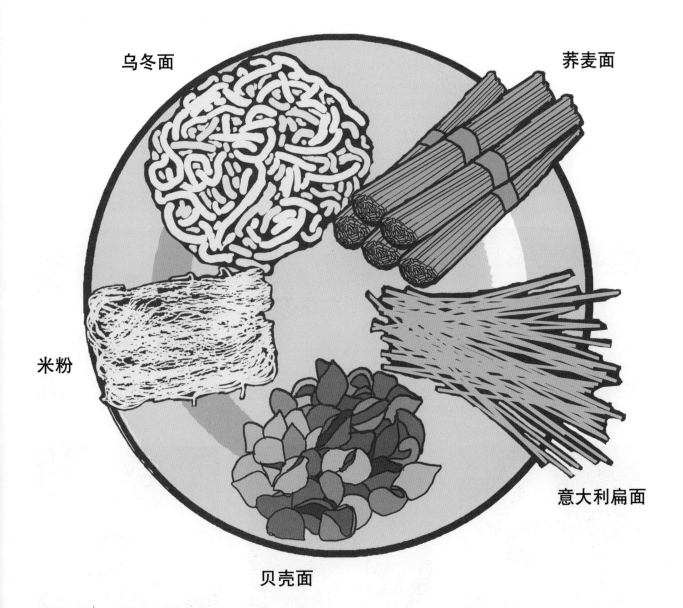

乌冬面

荞麦面

米粉

意大利扁面

贝壳面

意大利面酱基本手法

添加新鲜奶油的白酱、富含坚果香气的青酱以及满满西红柿味的红酱，只要学会这三种意大利面最常使用的酱料，你就可以成为料理高手！不管是搭配肉类、海鲜、蔬菜，还是选择不同种类的面，像是意大利扁面、圆直面、贝壳面、鸟巢面或是螺旋面等，都可以轻松创造出属于自己的美好料理。

浓郁白酱

材料 ┌ 面粉 70 克　鲜奶 150 毫升　鲜奶油 40 克
　　　└ 盐 5 克　无盐奶油 70 克

1 热锅后小火融化无盐奶油。

2 第一次倒入面粉。

3 期间不停拌炒以免烧焦。

4 第二次倒入面粉。

5 用小火搅拌至黏糊状。

6 无结块时加入鲜奶及盐。

7 冒泡后关火，加入鲜奶油搅拌。

8 至完全溶解呈黏稠状即可。

口感青酱

材料 [罗勒 100 克　坚果 80 克　蒜头 50 克
乳酪粉 20 克　橄榄油 30 毫升

1 将罗勒、坚果、橄榄油与蒜头放入果汁机打匀。

2 加入乳酪粉拌匀即可。

清甜红酱

材料 ⎡ 西红柿 500 克　洋葱 50 克　蒜头 40 克
⎣ 罗勒 10 克　橄榄油 5 毫升

1 西红柿去蒂后画十字。

2 待水煮开，将西红柿放入其中。

3 皮掀起即捞出、去皮。

4 西红柿分为四等份，挖出籽与囊，只留果肉切丁。

5 用橄榄油小火爆香洋葱、蒜头。

6 洋葱丁变透明后加入西红柿丁拌炒，再放入水及罗勒熬煮 15 分钟即可。

Part 1

孕期 1、2 月
精选食谱

期待已久的宝宝终于来了！孕妈咪在这个阶段特别需要补充叶酸、维生素 C 及维生素 B_6，摄取足够的叶酸能让宝宝神经器官可以完善发育，维生素 C 及维生素 B_6 则可以缓解孕妈咪牙龈出血及抑制妊娠呕吐。

叶酸

功效：预防胎儿神经器官缺陷

叶酸在孕妈咪怀孕初期十分重要，若没有在这个时期摄取足够的叶酸，对自己与胎儿都会产生不良影响。

对孕妈咪来说，相较一般成人更需要叶酸，如果缺乏，可能出现疲倦、晕眩以及呼吸急促的症状，也有好发贫血的可能，并增加流产与早产的几率。而胎儿缺乏叶酸极有可能影响其正常发育，造成神经器官缺陷、水脑症、无脑儿和脊柱裂等先天畸形。

怀孕前四周如果母体叶酸不足，便会增加胎儿神经管缺陷风险；另一方面，孕妈咪在怀孕期的子宫、胎盘等生理变化，也需要足够的叶酸来支持细胞的快速分裂。

叶酸是水溶性 B 族维生素之一，和 DNA、RNA 的合成有着紧密关系，同时也是制造红血球的最佳原料之一。补充叶酸最好的方法是饮食均衡，从食物中摄取叶酸是最健康、安全的方式。

虽然叶酸对孕妈咪好处非常多，但若要补充高剂量的叶酸，则要在咨询过后，听从医生建议。过多的叶酸会让身体无法反应缺乏维生素 B_{12}，容易造成恶性贫血的误诊，也会降低癫痫药物的药效，甚至如果摄取量高达每日建议摄取量 100 倍，也可能导致痉挛状况。

因此，尽管叶酸对准备怀孕的女性及孕妈咪好处非常多，但是，最好还是从食物中获取，并遵从医生的建议，摄取适量叶酸才是最安全、适当的做法。

富含叶酸的食物

花菜、芦笋、深绿色青菜、肉类、肝脏、鲑鱼、鲔鱼、牡蛎、乳酪、奶类、蛋类和核桃类等，在料理这些食物时，要避免过度烹煮，叶酸才不会被高温破坏。

怀孕月份

2月

维生素 B_6 / 维生素 C

功效：缓解牙龈出血、抑制妊娠呕吐

孕期第 2 个月，孕妈咪需要补充足够的维生素 B_6、维生素 C，除可以缓解牙龈出血、抑制妊娠呕吐，对母体及胎儿也有很大的好处。

维生素 B_6 是人体脂肪和糖代谢的必需物质，也是人体内某些辅酶的组成成分，参与多种代谢反应，尤其是和氨基酸代谢有密切关系。临床上常应用维生素 B_6 制剂防治妊娠呕吐，对孕妈咪而言也是必需营养素之一。维生素 B_6 可以促进蛋白质的合成，对于胎儿的发育有极佳帮助，如果缺乏，会影响胎儿生长，孕妈咪也可能出现食欲不振、消化不良等症状。

维生素 C 是水溶性维生素，相当容易从体内流失，必需从均衡饮食中获取。维生素 C 具有多项功能，如参与氨基酸代谢、帮助胶原蛋白及组织细胞间的合成、加速血液凝固、刺激凝血功能等。

部分孕妈咪在刷牙时会发现牙龈出血，这时适量补充维生素 C 可加以缓解，同时还能提升抵抗力，预防牙齿相关疾病。孕妈咪适量补充维生素 C，可预防胎儿先天畸形，还能在胎儿脑发育期提高脑功能，但不可摄取过量，如果超过 1000 毫克，反而会影响胚胎发育，甚至产生败血症。

维生素 B_6、维生素 C 两这种营养素对孕妈咪及胎儿来说十分重要，最好是从均衡饮食中摄取，若孕妈咪想补充高剂量营养锭，必须先咨询医生一下，不可自己任意服用。

富含维生素 B_6 的食物

富含维生素 B_6 的食物大部分皆为动物性食物，如瘦肉、鸡肉、鸡蛋、鱼等，也有一小部分植物性食物含有维生素 B_6，如香蕉、土豆、黄豆、胡萝卜、核桃、花生、菠菜等。

富含维生素 C 的食物

维生素 C 的最佳来源是新鲜蔬果，如青椒、花菜、白菜、西红柿、黄瓜、菠菜、芭乐、柚子、柑橘、柳丁、柠檬、草莓、苹果等，建议进行烹煮时，时间不宜过长，以免造成维生素 C 大量流失。

肉丝蔬菜面

西红柿的酸、洋葱的甜与肉丝的厚实丰富了整碗面，
天然的酸甜口感让孕妈咪在享受美食的同时，无需担心增加身体的负担。

材料（1 人份）

肉丝 50 克
洋葱 100 克
西红柿 200 克
木耳 1 朵
油面 1 份
食用油 10 毫升
白胡椒 5 克

A 酱油 15 毫升
白醋 15 毫升

1 备好食材

西红柿去蒂，切块；洋葱去皮，
切丝；木耳切丝。

2 洋葱爆香

锅中放入油烧热，爆香洋葱。

营养重点

西红柿含有丰富的维生素 C 及大量的茄红素，对孕妈咪非常有益。怀孕初期，部分妈咪会有妊娠呕吐的情况，常常缺乏食欲，利用西红柿的天然酸甜入菜，可让孕妈咪胃口大增。

3 拌炒肉丝

待洋葱香味传出后，再放入肉丝拌炒。

4 洋葱翻炒透明

肉丝拌炒至熟色，洋葱经翻炒呈现透明状，下西红柿、木耳一同拌炒。

5 加水煨煮

西红柿略熟后，在锅中倒入 200 毫升清水，转大火煮滚。

6 放入面条

将面条放入锅中熬煮 2 至 3 分钟，下调味料 A，待再次沸腾便可盛盘。

7 洒上白胡椒

盛盘后，洒上白胡椒即可。

高汤蔬菜面

 叶酸 15 MIN

白面条吸足了昆布高汤与食材的鲜甜，无需多余调味及复杂工序，孕妈咪便能从嘴里的滋味感受到简单的美好。

材料（1人份）🍴

西蓝花 3 朵　金针菇 3 串　玉米粒 15 克　胡萝卜 5 片
香菇 1 朵　小虾仁 15 个　葱花 10 克　昆布高汤 500 毫升
粗面 1 份　盐 20 克

1 备好材料
将胡萝卜、西蓝花、金针菇、香菇、虾仁洗净备好。

2 制作莎莎酱

把金针菇、胡萝卜、西蓝花、玉米粒、虾仁、香菇放入昆布高汤中一起熬煮。

3 汆烫面条
另起一个滚水锅，加入 10 克盐，将面条放入汆烫后备用。

4 面条拌匀酱料
胡萝卜熟透之后放入面条，熬煮 2 分钟。

5 增添口感与营养
最后起锅前洒上剩余的盐及葱花即完成。

干拌粿仔条

叶酸　15 MIN

煎香的鸡腿块以及酸甜咸香的河粉让孕妈咪食指大动，尝到美味的同时，也从鸡肉中摄取到叶酸。

材料（1 人份）

去骨鸡腿 1 只　河粉 1 份
芹菜 3 支　食用油适量

A　米酒 10 毫升　白糖 10 克
黑醋 30 毫升　酱油 40 毫升

1 备好材料
芹菜洗净，切末；鸡腿洗净，切块；在小碗里混合材料 A。

2 煎香鸡腿

热油锅，鸡腿煎至金黄色后盛盘备用。

3 拌炒河粉

放入河粉拌炒均匀，再加入材料 A、100 毫升水一起拌炒至收汁。

4 芹菜增香

加入芹菜拌炒 3 分钟

5 铺上鸡腿
盛盘后铺上鸡腿块即可。

凉拌鲜虾乌冬面

 叶酸 10 MIN

夏天午后，柠檬的酸香、虾的鲜甜以及乌冬面的醇厚形成绝妙的组合，
只要短短的烹饪时间，孕妈咪便能吃到满满美味。

材料（1 人份）

- 乌冬面 100 克
- 虾 4 只
- 七味粉 5 克

A
- 柠檬汁 10 毫升
- 味醂 1 毫升
- 黑胡椒粒 10 克

1 备好材料
虾氽烫后，剥壳；乌冬面盛盘备用。

2 铺好鲜虾
将虾整齐地摆在乌冬面上方。

3 淋上酱汁
混合材料 A，淋在乌冬面及虾上。

4 洒上七味粉
最后洒上七味粉即可。

葱油虾仁面

叶酸

20 MIN

酱油的咸香衬托出虾仁的甜、鲜，简单的食材与工序，
适合孕妈咪在忙碌的一天中，细细品味食物的单纯与美好。

扫一扫·轻松学

材料（1人份）

- 粗面 1 份
- 虾仁 70 克
- 葱花 20 克
- 食用油 10 毫升
- 盐 10 克

A 酱油 30 毫升　白糖 10 克
米酒 5 毫升　芝麻油少许

1 备好材料
虾仁去肠泥后洗净；面条加盐氽
烫备用。

2 爆香葱花
下油热锅后，放入 10 克葱花爆
香，加入虾仁翻炒，倒入材料 A
炒匀。

3 拌炒面条
放入面条拌炒 2 分钟，起锅前撒
上剩余葱花即可。

009

莎莎酱鲔鱼面

维生素 B₆

10 MIN

新鲜食材，无需繁复调味及烹煮，简单混合便能呈现好口感；
西红柿的酸甜、洋葱的鲜美与柠檬的清香，加上几味辛香料，
便能让孕妈咪爱不释手。

材料（1人份）

洋葱 50 克　西红柿 200 克　蒜头 3 瓣　柠檬 50 克
橄榄油 10 毫升　意大利扁面 1 份　水煮鲔鱼 50 克
盐 2 克　白糖 2 克　黑胡椒 2 克　西蓝花 3 朵

1 备好材料
洋葱、西红柿切丁；蒜头切末。

2 制作莎莎酱

将洋葱丁、西红柿丁与蒜末混合，
加入橄榄油、柠檬汁、白糖、盐、
黑胡椒拌匀，制成莎莎酱。

3 汆烫面条
面条加盐汆烫后捞起冰镇。

4 面条拌匀酱料
将面条与莎莎酱拌匀。

5 增添口感与营养

铺上水煮鲔鱼与西蓝花即可。

台式凉面

炎炎夏日，孕妈咪自己动手做美味的台式凉面，
既美味，又无需顾虑卫生问题，还能兼顾充足的营养。

材料（1 人份）

- 油面 1 份
- 火腿 20 克
- 小黄瓜 20 克
- 蒜泥 5 克

A
- 芝麻酱 5 克
- 淡色酱油 5 毫升
- 白醋 5 毫升
- 白糖 5 克
- 盐 2 克
- 芝麻油 5 毫升

1 备好材料

火腿切丝，小黄瓜洗净，切丝后冰镇。

2 拌匀酱料

将材料 A 拌匀后，加入蒜泥一同搅拌。

3 铺上配料

油面盛盘后，整齐地铺上小黄瓜丝及火
腿丝。

4 淋上酱汁

再均匀地淋上酱汁即可食用。

什锦海鲜面

维生素 B₆

20 MIN

各种食材堆叠而出的丰厚味道，适时加入少量调味，
便能凸显出食物的鲜、香、甜，让人忍不住一口接着一口。

扫一扫·轻松学

材料（1人份）

细面 50 克　鱿鱼半条
香菇 2 朵　虾仁 50 克
肉片 15 克　葱段 10 克
食用油 10 毫升　胡椒粉 5 克
米酒 20 毫升　芝麻油 5 毫升
盐 30 克

1　备好材料
面条加盐氽烫备用；香菇切粗丝，
蒂头切斜刀；鱿鱼切粗圈。

2　拌炒配料
锅中注油烧热，爆香葱段，放入香
菇、肉片、虾仁、鱿鱼拌炒 3 分钟。

3　米酒呛锅
再放入米酒呛锅，加入盐与 500 毫
升水一起熬煮。

4　调味增香
将面条放到锅里熬煮，入味后洒上
胡椒粉、芝麻油即可盛盘。

红烧牛肉面

牛肉对孕妈咪来说是很棒的食物，
为了兼顾健康与口感，加入整个西红柿，整碗面瞬间丰富了起来。

材料（1 人份）

细面 100 克　西红柿 1 个　白萝卜 140 克
牛腩 300 克　葱 20 克　姜 20 克
盐适量　食用油 30 毫升

A 花椒 5 克
八角 5 克

B 辣椒酱 30 克
酱油 75 毫升
冰糖 20 克

扫一扫·轻松学

1 备好材料

牛腩切成 2 厘米的块状；西红柿、白萝卜切块；姜拍裂；面条加少许盐氽烫后盛盘。

2 烫熟牛腩

起锅滚水，加入适量盐，放入牛腩烫熟。

3 炒香葱姜

另起一锅注油烧热，放入材料 A 爆香，再放入葱、姜炒香，再将牛腩捞起沥干后放进锅中拌炒。

4 熬煮蔬菜

下材料 B 略微拌煮，上色后放入西红柿、白萝卜，加 800 毫升水熬煮 1.5 小时。

5 汤面合一

将熬煮好的食材淋在盛盘的面条上即可。

时蔬炒面

  叶酸 15 MIN

只需要掌握拌炒技巧，便可以做出一道营养均衡、
美味满分的乌龙面料理，让孕妈咪除了可以兼顾健康，
还能满足味蕾的享受。

材料（1人份）

肉丝 50 克	空心菜 80 克	洋葱 30 克	胡萝卜 10 克
韭菜 10 克	木耳 30 克	蒜头 5 克	辣椒 5 克
乌龙面 1 份			

A
酱油 5 毫升
芝麻油 5 毫升
乌醋 5 毫升
胡椒粉少许

1 备好所有食材

空心菜洗净切段；洋葱、胡萝卜去皮切丝；韭菜洗净切段；蒜头拍碎；辣椒切末；木耳去蒂头切丝。

2 肉丝炒至八分熟

蒜头爆香后，加入肉丝炒至八分熟便盛盘备用。

3 肉丝再次翻炒

将洋葱与辣椒爆香后，放入木耳、胡萝卜及肉丝炒香，加少许水及材料 A 一起熬煮。

4 放入空心菜

将乌龙面放入锅中拌匀，炒至水分收干，再把空心菜、韭菜放入锅中与其他食材一起拌炒熟即可。

客家炒河粉

叶酸　20 MIN

客家炒河粉融合了猪肉的咸香、蔬菜的清甜以及红葱酥引人食指大动的浓厚香气，很适合作为怀孕初期的精选料理。

材料（1 人份）

河粉 50 克	韭菜 10 克
芹菜 5 克	香菜 5 克
猪肉丝 30 克	胡萝卜丝 5 克
香菇丝 3 朵	红葱酥 10 克
盐 15 克	酱油 5 毫升
白胡椒 5 克	食用油 5 毫升

1 备好材料

韭菜切段；芹菜、香菜切末。

2 猪肉炒至熟色

热油锅，将猪肉丝炒至熟色，加入胡萝卜丝、香菇丝炒香。

3 红葱酥放入炒香

放入红葱酥拌炒片刻，加入盐、酱油、白胡椒与适量水煮滚。

4 熬煮收汁

放入河粉熬煮至收汁，起锅前加入韭菜段、芹菜末和香菜末拌炒均匀即可。

炸酱面

维生素 B₆　20 MIN

绞肉拌炒过后让炸酱的口感更为丰富，
小黄瓜丝的脆甜则让炸酱的咸香恰如其分地充满口中。

材料（1人份）

┌ 粗面 80 克　绞肉 100 克　小黄瓜 1 条
└ 蒜末 5 克　姜末 5 克　食用油 10 毫升

A 甜面酱 15 克
　豆瓣酱 15 克
　米酒 15 毫升
　白糖 5 克

1 备好材料
小黄瓜洗净切丝，泡冰水冰镇；面条加盐汆烫后，捞起盛盘备用。

2 增添酱香
下 5 毫升油爆香蒜末与姜末。

3 制作酱汁

加入材料 A 与 200 毫升水，大火熬煮至沸腾。

4 炒香绞肉

用 5 毫升油炒香绞肉，待两面呈现熟色后，放入做好的酱汁熬煮入味，转小火让酱汁略微收汁便可关火。

5 淋上酱汁
在面条上淋上炒好的食材，铺上小黄瓜丝即可食用。

什锦炒面

维生素 B₆

20 MIN

丰富的菇类、蔬菜与肉类组合成一道什锦炒面，入口美味又兼具满满营养，
加上大量使用富含维生素 B₆的胡萝卜及猪肉丝，很适合作为孕妈咪的精选料理。

材料（1 人份）🍴

- 油面 1 份　猪肉丝 50 克
- 鲜香菇 2 朵　蘑菇 5 朵
- 木耳 1 朵　洋葱 25 克
- 胡萝卜 20 克　红椒 40 克
- 葱 1 支　蒜头 1 瓣
- 白胡椒 5 克

A　乌醋 10 毫升　香菇素蚝油 15 克
酱油 45 毫升　芝麻油 15 毫升

1 备好材料

将红椒、洋葱、木耳切丝；蘑菇、鲜香
菇和蒜头切片；葱切段备用。

2 炒香肉片

起油锅，爆香蒜片与葱段，放入猪肉丝
炒香。

3 加入蔬菜、菇类拌炒

肉丝呈现熟色后，放入香菇、蘑菇、木
耳、胡萝卜、红椒以及洋葱一起拌炒。

4 下调味料增香

下油面与材料 A 拌炒均匀，起锅前洒上
白胡椒即可。

西红柿肉末面片

维生素 C

40 MIN

洒上少许迷迭香，让原本家常的面点料理有了不一样的新风貌，在口感上也增添了不少层次与深度。

材料（1 人份）

面片 1 份　西红柿 150 克
猪肉末 50 克　蒜末 5 克
迷迭香 5 克　盐 10 克
食用油 5 毫升

1 备好材料
将西红柿洗净，切块；面片加盐汆烫备用。

2 熬煮高汤
将西红柿、盐以及 400 毫升水熬煮成高汤。

3 炒香肉末
起油锅，爆香蒜末后，加入猪肉末炒香。

4 面片熬煮入味
将面片与猪肉末加入西红柿高汤熬煮一会儿，待面片入味便可起锅。

5 迷迭香增香
盛盘后洒上迷迭香增添香味即可。

鲜蔬鸭肉面

上海青口感脆甜，搭配鸭肉的浓郁煎香，
让孕妈咪在补充满满叶酸的同时，也享受到厚实鸭肉的鲜嫩可口。

材料（1 人份）

粗面 1 份　鸭肉 80 克
上海青 50 克　葱 1 支
食用油 10 毫升

A
酱油 15 毫升
乌醋 10 毫升
芝麻油 5 毫升

1 备好材料

上海青洗净，葱洗净，切段备用；
鸭肉去骨，切块备用。

2 汆烫面条

面条加盐汆烫备用。

3 鸭肉煎香

起油锅，煎香鸭肉至两面呈现熟
色后，加入葱段拌炒至翠绿表皮
呈现略微焦色即可起锅备用。

4 蔬菜入汤

另起一锅，放入 250 毫升滚水与
上海青一起烹煮，待青菜熟后，
下煎香的葱段与鸭肉、面条、材
料 A，继续熬煮片刻即可起锅。

西红柿鸡蛋面

维生素 C
25 MIN

西红柿与鸡蛋都是孕妈咪初期所需营养来源之一，西红柿拥有丰富维生素 C，鸡蛋富含维生素 B_6，两者完美结合成为西红柿鸡蛋面，非常适合孕妈咪食用。

材料（1 人份）

- 细面 1 份
- 西红柿 200 克
- 葱 1 支
- 鸡蛋 1 个
- 食用油 10 毫升

A
- 盐 10 克
- 白糖 2 克

1 备好材料
西红柿洗净后切块；葱切末；鸡蛋打成蛋花备用。

2 汆烫面条
面条加盐汆烫备用。

3 煎香鸡蛋
起油锅，下蛋液与 2/3 葱末煎香后备用。

4 熬煮西红柿
在锅里放入西红柿块，转小火熬煮 15 分钟至西红柿软化出水。

5 加入调味料
放入材料 A、煎好的蛋与面条拌炒均匀，盛盘后洒上剩余葱花即可。

菠菜烩面片

叶酸　20 MIN

菠菜特有的涩味，被猪肉的油脂及香菇的鲜甜给淡化了，
面片吸附菠菜的鲜与炒料的香，丰富了口感，让人不禁一口接着一口。

材料（1 人份）

菠菜 50 克　小豆干 2 块
面片 1 份　猪绞肉 30 克
香菇 2 朵　蒜末 5 克
食用油 5 毫升

A 盐 5 克
　芝麻油 5 毫升

1 备好材料
菠菜洗净切段；豆干切薄片；香菇切片，蒂头切斜刀备用。

2 汆烫面片
面片加盐汆烫备用。

3 绞肉炒熟
起油锅，爆香蒜末，放入猪绞肉炒至熟色，再下香菇与豆干煎香备用。

4 烹煮菠菜
另起一锅水，放入菠菜烹煮，菠菜熟后将菠菜并部分汤汁装碗。

5 加入炒料增香
加入面片与炒料拌炒片刻，加入材料 A 调味，盛入装有菠菜的碗中即可。

胡萝卜牛肉汤面

维生素 B₆

75 MIN

结合牛肉与胡萝卜两种富含维生素 B₆ 的食材，完成一碗色香味俱全的牛肉面，让孕妈咪在享受美食的当下，也吃进满满营养。

材料（1 人份）

胡萝卜 80 克　西红柿 200 克　牛肉 50 克
蒜末 10 克　辣椒 40 克　老姜 30 克
香芹 10 克　粗面 1 份　盐 10 克

A
花椒 5 克
八角 5 克
食用油 20 毫升

B
辣椒酱 30 克
酱油 75 毫升
冰糖 20 克

1 备好材料
牛肉切成小块；西红柿、胡萝卜切块；姜拍裂；辣椒切末；面条加盐汆烫后装碗。

2 牛肉烫熟
起锅滚水，加盐，烫熟牛肉。

3 炒香汤料
另起一锅，放入材料 A 爆香，再放入姜炒香，接着将滚水中的牛肉捞起沥干后放进锅中拌炒。

4 熬煮汤汁
下材料 B 略微拌煮，上色后放入西红柿、胡萝卜，再加 500 毫升水熬煮 1 小时。

5 辛香料增味
将熬煮好的汤汁淋在面条上，摆上辣椒、蒜末及香芹即可。

牛肉菠菜面

以蔬菜高汤为汤底的牛肉菠菜面，汤头显得格外清甜，
孕妈咪也可以视自己的饮食习惯稍作调整，添加其他蔬果或配料。

材料（1 人份）

菠菜 50 克
牛肉丝 40 克
细面 1 份
葱 1 支
蔬菜高汤 200 毫升
太白粉 10 克
盐 5 克

A
酱油 30 毫升
芝麻油 10 毫升
胡椒粉 5 克

1 备好材料
菠菜洗净，切末；牛肉丝切末后，
用大白粉抓腌；葱切末。

2 汆烫面条
面条加盐汆烫后，盛盘备用。

3 熬煮蔬菜、牛肉
蔬菜高汤倒入锅中，放入菠菜、
牛肉、葱末与材料 A 一起熬煮。

4 淋上汤料
将熬煮好的汤料淋在汆烫过的面
条上即可。

茼蒿清汤面

寒凉的冬夜里，来上一口热乎乎的茼蒿清汤面，简单的材料呈现出食物最质朴的原味。

材料（1人份）

茼蒿 40 克
葱 1 支
鸡高汤 250 毫升
细面 1 份
盐 10 克

A
盐 10 克
胡椒 5 克
芝麻油 5 毫升

1 备好材料
葱洗净，切末；茼蒿洗净备用。

2 汆烫面条
面条加盐汆烫备用。

3 高汤熬煮
锅里放入鸡高汤，下茼蒿煮滚后，再放入面条、材料 A 稍微熬煮。

4 葱末增香
盛盘后洒上葱末即可。

Part 2

孕期 3、4 月
精选食谱

孕妈咪在这个阶段需补充足够的镁、维生素 A 与锌，摄取足够的镁与维生素 A 不仅能够促进胎儿的生长与发育，也能让孕妈咪维持良好的孕况，锌则可以防止胎儿发育不良，三种都是此阶段不可或缺的营养素。

功效：促进胎儿发育与生长

镁对胎儿骨骼发育及维持肌肉健康非常重要，而维生素 A 更是胎儿发育不可或缺的重要营养素，孕妈咪在孕期第 3 个月时需特别注意这两种营养素的摄取。

胎儿的身高、体重及头围大小很大一部分是受到镁的影响，孕妈咪摄取足够的镁不仅可以帮助及维持胎儿的正常发育，对孕妈咪本身的子宫肌肉恢复也有很大的益处。镁可以修复受伤细胞，还可以让骨骼及牙齿的生长得更坚固，并调节胆固醇及增进胎儿的脑部发育。镁还可以被使用在妊娠高血压的治疗上，妇产科医师为控制病情，会在点滴中加入少许镁来放松患者的肌肉。

胎儿发育的前 3 个月，自己还不能储存维生素 A，非常依赖母体供应，因此孕妈咪必须从饮食中摄取，才有足够的维生素 A 可供给。维生素 A 是胎儿发育的重要营养素之一，可促进胎儿皮肤、肠胃道及肺部的健康。

孕妈咪缺乏镁，容易引发子宫收缩，造成早产；吸收过多，却会造成镁中毒，甚至可能抑制孕妈咪的呼吸与心跳。缺乏维生素 A，孕妈咪容易罹患夜盲症，严重者还可能死亡；但若是摄取过量却会增高畸胎风险。孕妈咪若要补充高剂量的镁与维生素 A，必须经过医师同意，否则可能造成反效果，最好的摄取来源，还是来自于均衡的饮食。

富含镁的食物

生活中富含镁的食物多半为植物性食物，其中以全谷、坚果、豆类及叶菜等较为丰富，如葵瓜子、芝麻、花生、杏仁、松子、核桃、夏威夷果、开心果、腰果、莲子、板栗、黄豆和黑豆等。

富含维生素 A 的食物

富含丰富维生素 A 的食物，以橙黄色蔬果居多，如红薯、南瓜、胡萝卜、甜玉米、芒果、木瓜、葡萄柚、柑橘、柠檬、柳橙、菠萝、金盏花等，而蛋类与牛奶、动物肝脏类等也含有大量维生素 A。

怀孕月份

4月

锌

功效：防止胎儿发育不良

锌对此阶段的孕妈咪而言是不可或缺的营养素，摄取足够的锌，有利胎儿的大脑皮层边缘部海马区的发展，更有助于其后天记忆力的养成，还可促进胎儿脑部组织的正常发育。

孕妈咪未摄取足够的锌，容易罹患感冒、肺炎、支气管炎等疾病，也容易导致食欲不振，甚至可能影响到子宫收缩，造成分娩时子宫收缩无力，不能顺利生产，并导致羊水异常，甚至可能引发流产或死胎等不良后果。

胎儿没有吸取足够的锌，可能导致大脑发育受损，或因为大脑皮层边缘部海马区发展不良，造成后天智力及记忆力不佳、出生后体重过轻，甚至中枢神经系统受损，引发先天性心脏病和多发性骨畸形等先天缺陷。

锌是人体必需营养素，在生殖、内分泌及免疫等系统中扮演重要角色，更是影响人体生长发育的关键营养素，缺乏锌会导致食欲不振、味觉迟钝及伤口迟迟无法愈合等不良后果。

但过量的锌同时也会对孕妈咪的身体产生负担，怀孕期间摄取过量的锌，不仅会有腹泻、痉挛和降低铜、铁吸收量的现象产生，更可能损害婴儿早期的脑部发展，不利于整体发育。

孕妈咪只要饮食均衡，便能从食物中摄取足够的锌，这也是孕期中获得营养素最好的方式。若想补充高剂量的锌，需咨询医师，才不会造成反效果。

富含锌的食物

牡蛎、贝类、动物肝脏、豆类、坚果、全谷类、奶制品、芝麻、茄子及萝卜都可摄取到锌，其中又以牡蛎的锌含量最为丰富。1个牡蛎几乎能提供人体1天所需的锌。孕妈咪在选择牡蛎烹调料理时，尽量选择新鲜的较好，烹调方式也以熟食为佳，避免不新鲜的生食造成过敏、腹泻等不适现象。

南瓜汤面

维生素 A

50 MIN

南瓜富含维生素 A，对怀胎三个月的孕妈咪十分有益，
用南瓜泥加入鲜奶及菇类制作面点，不仅增添料理的口感，也让整碗面的营养更为丰富。

材料（1人份）

南瓜 100 克　香菇 1 朵
鸿喜菇 20 克　洋葱 40 克
鲜奶 100 毫升　细面 80 克
食用油 5 毫升　盐 5 克

A
盐 5 克
白胡椒 5 克

1 备好食材

洋葱洗净，切丁；香菇洗净，切丝；
鸿喜菇洗净备用；细面加盐汆烫
后，盛盘备用。

2 制作南瓜泥

完整南瓜取 1/4 去籽、去皮后，
用蒸锅蒸至熟软，再压泥备用。

营养重点

南瓜含有维生素 A、B 族维生素、维生素 C 及磷、钙、镁、锌、钾等多种营养素，其颜色越黄，甜度越高，β-胡萝卜素含量也越丰富。南瓜加入油脂烹煮，不仅不会破坏 β-胡萝卜素，还有助人体的吸收。

3 炒香配料

起油锅，爆香洋葱后，再加入香菇与鸿喜菇炒香。

4 熬煮汤头

另取一锅，加入一碗水与鲜奶熬煮，沸腾后放入南瓜泥搅拌均匀。

5 汤头增香

在汤头中放入炒香的配料一起熬煮 2 分钟，需不断搅拌以免锅底粘黏，最后放入材料 A 搅拌均匀即可关火。

6 淋上酱汁

将作法 5 的食材淋在氽烫好的面条上即可食用。

抢锅面

镁

20 MIN

以蕴含镁的上海青搭配包菜、西红柿、玉米笋、萝卜及胡萝卜等大量蔬菜熬煮而成的汤头，清甜而养胎。

材料（1人份）

葱 1 支　蒜片 5 克　西红柿 100 克　玉米笋 20 克　萝卜 40 克
胡萝卜 40 克　上海青适量　包菜适量　鸡蛋 1 个
细面 100 克　食用油 10 毫升　盐 5 克

A 酱油 20 毫升
　白糖 5 克

1 备好材料

葱切段；蔬菜全部切成适口大小；蛋打散；面条加盐汆烫备用。

2 炒香鸡蛋

起油锅，将蛋炒至表面微焦后，盛盘备用。

3 爆香葱、蒜

爆香葱段、蒜片，放入蔬菜炒香。

4 加水熬煮

在锅里加水及材料 A 一起熬煮，水需淹盖过材料。

5 面条熬煮入味

大火煮滚后，在锅里放入面条和炒蛋一起熬煮入味，3 分钟后即可盛盘食用。

总汇海鲜炒面

锌 20 MIN

海鲜含有丰富的锌，孕妈咪可以挑选自己喜欢的材料，
适量使用在面点中，搭配蔬菜一起料理，不仅美味又健康。

材料（1 人份）

- 胡萝卜 50 克　包菜 50 克
- 木耳 50 克　蛤蜊 3 颗
- 虾 3 只　鱼丸 3 个
- 鱼板 3 片　葱段 10 克
- 粗面 1 份

A 米酒 10 毫升　白糖 10 克
黑醋 30 毫升　酱油 40 毫升

1 备好材料

胡萝卜、木耳以及包菜洗净，切丝；蛤
蜊、虾、鱼丸和鱼板洗净备用；面条加
盐汆烫备用。

2 炒香木耳、胡萝卜

起油锅，爆香葱段，放入胡萝卜丝与木
耳丝一起炒香。

3 炒香海鲜

放入蛤蜊、虾、鱼丸及鱼板一起拌炒，
炒至香味传出。

4 包菜增香

加入包菜丝一起炒熟后，再下材料 A 拌
炒均匀。

5 面条熬煮入味

食材熟透后放入面条，熬煮 2 至 3 分钟
即可。

白酱南瓜意大利面

南瓜与白酱完美结合，面条不只沾附白酱的浓醇，
也有南瓜的清甜，加上拌炒过的香菇鲜味，显得十分可口。

材料（1 人份）

面粉 70 克　鲜奶 150 毫升
鲜奶油 40 克　南瓜 50 克
香菇 3 朵　意大利扁面 1 份
无盐奶油 70 克　盐 5 克

A 酱油 30 毫升　白糖 10 克

1 制作白酱
热锅后小火融化无盐奶油，分 2 次
倒入面粉，期间不停拌炒以免烧焦，
用小火搅拌至黏糊状，无结块时加
入鲜奶及盐，冒泡后关火加入鲜奶
油搅拌至溶化。

2 备好材料
南瓜去皮、去籽，蒸熟后压泥；香
菇洗净，切片；面条氽烫后备用。

3 南瓜泥增添口感
在白酱中加入南瓜泥拌炒均匀。

4 炒香香菇
另起一锅，加入鲜奶油，待其融化
后放入 香菇片炒香。

5 面条均匀沾附
将南瓜泥与意大利扁面放入作法 4
的锅中拌炒均匀，最后放入材料 A
调味均匀即可。

炸酱南瓜面疙瘩

维生素 A

60 MIN

南瓜除了与面条搭配使用，还可以多重变化，
面疙瘩加入南瓜泥会散发出自然甜香，不仅口感更好，外观也橙黄可爱。

材料（1人份）

南瓜 60 克　中筋面粉 160 克
小黄瓜 1 条　蒜末 5 克
姜末 5 克　盐 5 克
猪绞肉适量　食用油适量

A
甜面酱 15 克
豆瓣酱 15 克
米酒 15 毫升
白糖 5 克

1 制作南瓜面疙瘩

南瓜洗净、蒸熟后去籽、去皮，
压泥后放凉备用；将南瓜泥与中
筋面粉、盐揉搓成南瓜面团，醒
面 30 分钟；将面团揉成圆球状，
另煮一锅滚水，取南瓜面团撕捏
成片状后下锅，煮至其浮起便可
捞出。

2 备好材料

小黄瓜洗净、切丝，泡冰水冰镇。

3 制作炸酱

起油锅，爆香蒜末与姜末，加入
猪绞肉炒至熟色，再放入材料 A
与 200 毫升水，煮滚后转小火让
酱汁略收。

4 淋上酱汁

氽烫好的南瓜面疙瘩盛盘后淋上
炸酱，铺上小黄瓜丝即可。

牡蛎炒面

锌 | 20 MIN

牡蛎肉质软嫩，色泽乳白，富含丰富的锌，一向有"海中牛奶"的美称，孕妈咪在这个阶段可选择牡蛎来入菜，做为摄取锌的最佳来源之一。

材料（1人份）

牡蛎50克　蒜末15克　洋葱末15克
胡萝卜20克　小白菜20克　油面1份
芝麻油5毫升　米酒适量　食用油适量

A　蚝油15克
黑醋5毫升

1 备好材料
小白菜洗净，切段；胡萝卜洗净，切丝；牡蛎洗净后用米酒抓腌去腥。

2 炒香胡萝卜
起油锅，爆香蒜末与洋葱末后，加入胡萝卜丝拌炒至香气传出。

3 调味增香

将材料A、40毫升水放入锅中熬煮至沸腾。

4 焖熟牡蛎

放入牡蛎后再下油面，大火熬煮至收汁，面条将热气保留在锅中，让牡蛎顺利熟成。

5 小白菜增香
最后加入小白菜拌炒熟后，点上芝麻油即可。

南瓜面疙瘩

维生素 A

50 MIN

添加天然南瓜泥的面疙瘩，含有丰富的维生素 A，与蔬菜一起熬煮汤头美味甘甜，让孕妈咪享受美食的同时不会造成多余负担。

材料（1 人份）

南瓜 60 克　中筋面粉 160 克
空心菜 80 克　洋葱 30 克
胡萝卜 10 克　木耳 30 克
蒜头 5 克　盐 5 克

A 蚝油 15 克
黑醋 5 毫升

1 制作南瓜面疙瘩

南瓜洗净、蒸熟后去籽、去皮，压泥放凉后备用；将南瓜泥与中筋面粉、盐揉搓成南瓜面团，醒面 30 分钟；将面团揉成圆球状，另煮锅滚水，取南瓜面团撕捏成片状后下锅，煮至其浮起便可捞出。

2 备好材料

空心菜洗净，切段；洋葱、胡萝卜去皮，切丝；木耳去蒂头，切丝；蒜头拍碎。

3 爆香蒜头

起油锅，爆香蒜头，加入洋葱、木耳、胡萝卜一起炒香。

4 加入青菜

食材炒软后加入材料 A 及适量水，水盖过食材，大火熬煮沸腾后加入南瓜面疙瘩及空心菜熬煮，空心菜煮熟后即可。

芝麻酱凉面

锌 | 15 MIN

孕期四月要特别注意锌的补充，芝麻是最佳选择之一；
搭配西蓝花、胡萝卜及水煮蛋的天然色彩，让餐盘彷佛成为一件艺术品。

材料（1 人份）

- 胡萝卜 30 克　水煮蛋 1 个
- 西蓝花 50 克　油面 1 份

A　白芝麻 25 克　芝麻油 10 毫升
　　白糖 5 克　盐 2 克
　　味酥 20 毫升　酱油 15 毫升
　　乌醋 30 毫升　蒜头 3 瓣

1 制作酱料
将材料 A 与 50 毫升冷开水混合后，用调理机均匀地磨碎备用。

2 备好材料
胡萝卜去皮，刨丝；蒜切末；水煮蛋蒸熟后剥壳，切半；西蓝花汆烫备用。

3 铺好食材
将胡萝卜、西蓝花、水煮蛋及凉面依孕妈咪喜欢的摆盘方式，整齐地摆放在盘中。

4 淋上酱料
将芝麻酱均匀地淋在油面及配料上即可食用。

蛤蜊丝瓜面线

 锌　 25 MIN

蛤蜊丝瓜面线很适合孕妈咪在炎炎夏日里食用，
丝瓜的清甜与蛤蜊的鲜香，让燥热的暑气一下子全部消散了。

扫一扫·轻松学

材料（1人份）

丝瓜 200 克　蛤蜊 8 个
姜 5 片　虾米 5 克
面线 1 份　芝麻油 5 毫升
盐 2 克　米酒 20 毫升

1 备好材料
丝瓜切成条状；面线汆烫备用，去除杂质及咸度即可捞起，无需熟透。

2 炒香丝瓜
用芝麻油爆香虾米与姜片后，放入丝瓜拌炒，再放入 250 毫升水及盐一起熬煮。

3 焖煮蛤蜊
汤汁沸腾后，下蛤蜊并盖上锅盖焖煮，待蛤蜊打开后，下面线再熬煮一会儿。

4 淋上米酒
起锅前淋上米酒即可。

麻油猪肝面线

锌 / 30 MIN

孕妈咪可通过香气四溢的麻油猪肝面线补充足够的锌，
麻油的独特香气让整碗面线仿佛活了起来，
衬托出猪肝的鲜香与面线的滑顺。

材料（1人份）

猪肝 50 克　面线 1 份　姜 20 克
米酒 20 毫升　芝麻油 10 毫升

A　米酒 10 毫升
　　盐 5 克

1 腌渍猪肝

猪肝洗净至无血水，切成薄片，用
米酒腌渍 15 分钟备用。

2 备好材料

姜切丝备用；面线氽烫后盛盘。

3 氽烫猪肝

起一锅水，沸腾后放入猪肝片，氽
烫 10 秒后捞起，再用冷开水洗净猪
肝表面的杂质，沥干备用。

4 加水熬煮

另起一锅，用芝麻油爆香姜丝，再
放入猪肝片与材料 A 炒匀，加入
400 毫升水熬煮 2 至 3 分钟。

5 淋上汤料

将完成的汤料淋在面线上即可。

牡蛎面线

锌　20 MIN

牡蛎含有丰富的锌，搭配面线十分滑口，
利用简单的几项食材，让孕妈咪吃到美味，也吃到健康。

材料（1人份）🍴

牡蛎 300 克　白面线 1 把
太白粉 10 克　蒜头 2 瓣
葱 1 支　食用油 5 毫升
酱油膏 30 克

A
芝麻油 5 毫升
胡椒粉 5 克
白糖 5 克

1 备好材料

葱洗净，切段；蒜头洗净后去皮，切末；
面线汆烫后备用。

2 汆烫牡蛎

牡蛎洗净，均匀裹上太白粉后放入滚水
中，用小火熬煮至其浮起便可捞起备用。

3 牡蛎水增鲜

起油锅，将蒜头跟葱段爆香，加入 500
毫升煮牡蛎的水，放入面线与牡蛎。

4 调料上色

加入酱油膏调色，最后再放进材料 A，
拌匀即可起锅。

039

鲍鱼菠菜面

锌

40 MIN

年节礼盒常出现的鲍鱼罐头，有时令人烦恼不知如何料理，
其实加些蔬菜、菇类与面条一起熬煮，便化身为一道色香味俱全的健康料理啦！

材料（1 人份）

- 小鲍鱼 2 个
- 菠菜 50 克
- 蘑菇 6 朵
- 乌龙面 1 份

A
- 盐 10 克
- 芝麻油 5 毫升

1 备好材料
小鲍鱼洗净；蘑菇洗净，切片；菠菜洗净，切段。

2 去除菠菜涩味
菠菜汆烫备用，去除草酸及涩味。

3 熬煮鲍鱼
起一小锅水，放入鲍鱼、蘑菇熬煮至沸腾。

4 放入面条
加入面条一起熬煮，再放入汆烫好的菠菜及材料 A 搅拌均匀，继续熬煮片刻即可食用。

虾米菠菜面

镁   20 MIN

绿叶蔬菜中含有丰富的镁，使用菠菜烹煮料理，
可以用油炒的方式来消除它的涩口感，增添料理的美味。

材料（1人份）

菠菜 50 克
虾米 40 克
鸡蛋 1 个
细面 1 份
鸡高汤 150 毫升
盐 5 克
食用油 5 毫升

A   盐 10 克
芝麻油 5 毫升

1 备好材料

菠菜洗净，切段；鸡蛋打散；面
条加盐余烫备用。

2 炒香菠菜

起油锅，爆香虾米，再放入菠菜
一起炒香。

3 高汤熬煮

加入鸡高汤与 150 毫升水熬煮，
沸腾后加入面条及材料 A 拌匀。

4 蛋花增香

最后均匀地淋上蛋液，继续熬煮
3 至 5 分钟即可。

南瓜鸡蛋面

 维生素 A 30 MIN

这个阶段需要补充足够的维生素 A 与镁，才能让宝宝健康地生长，南瓜拥有丰富的维生素 A，很适合作为怀孕料理的食材之一。

材料（1 人份）🍴

- 小白菜 30 克
- 虾 3 只
- 南瓜 40 克
- 紫菜 15 克
- 鸡蛋 1 个
- 粗面 1 份
- 食用油 5 毫升
- 盐 5 克

A 盐 5 克
　 芝麻油 5 毫升

1 备好材料

南瓜去皮、去籽后，切成薄片；小白菜洗净；虾洗净去肠泥；面条加盐汆烫备用。

2 煎香鲜虾

起油锅，煎香虾后，加入 500 毫升水、南瓜、紫菜一起熬煮至沸腾。

3 添加青菜

放入面条与材料 A 搅拌均匀，再放入小白菜一起熬煮。

4 鸡蛋增加营养

小白菜呈现熟色，打入鸡蛋，蛋白熟透即可。

什锦面片

 镁

 20 MIN

西红柿熬汤，天然的茄红素会融入汤汁中，
酸甜的汤汁带着些微火腿的油煎香气，佐以翠绿的上海青，使人忍不住食指大动。

材料（1 人份）

上海青 40 克
西红柿 100 克
素火腿 3 片
面片 1 份
食用油 5 毫升
盐 5 克

A
盐 5 克
芝麻油 5 毫升

1 备好材料
上海青洗净，切段；西红柿切成适口大小；面片加盐氽烫备用。

2 煎香火腿片
起油锅，将火腿片煎香。

3 熬煮汤料
加入 400 毫升水及西红柿熬煮至西红柿软化。

4 加入青菜
放入上海青、材料 A 及面片拌匀，熬煮至上海青熟后即可。

香菇蔬菜面

镁 20 MIN

油菜不仅含有镁，还含有丰富的钙、维生素A、B族维生素与维生素C等营养素，对于孕妈咪而言是很棒的食材。

材料（1人份）

- 鲜香菇3朵
- 油菜40克
- 粗面1份
- 昆布30克
- 盐5克

A 盐5克
   芝麻油5毫升

1 备好材料、熬煮高汤

油菜洗净，切段；鲜香菇洗净，切片；昆布洗净；面条加盐氽烫备用；将洗净后的昆布与600毫升水一起熬煮成高汤，熬至汤色呈不透明状，捞去昆布，单取清汤备用。

2 汤汁入味

将香菇放入高汤中熬煮，沸腾后加入面条与材料A一起拌匀。

3 放入青菜

最后放入油菜，烹煮至其呈现熟色即可盛盘。

鲜蔬虾仁面

锌　20 MIN

虾仁与青菜也是一个很棒的组合，
让孕妈咪不仅摄取到足够的锌，也获取足够的纤维及营养。

材料（1人份）

- 上海青 50 克
- 虾仁 30 克
- 胡萝卜丝 15 克
- 菠菜 30 克
- 细面 1 份
- 食用油 5 毫升
- 盐 5 克

A
- 盐 5 克
- 芝麻油 5 毫升

1 备好材料、炒香汤料

上海青、虾仁洗净，菠菜洗净，切段；
面条加盐余烫备用；热油锅，放入
胡萝卜丝拌炒，待香气传出后，加
入菠菜及虾仁一起拌炒，菠菜炒软、
虾仁炒至呈现熟色即可。

2 加水熬煮

加入 150 毫升水、材料 A 及面条熬
煮至沸腾。

3 青菜增添口感

放入上海青煮至熟透即可盛盘。

045

莲子乌冬面

维生素 A

40 MIN

红薯拥有丰富的维生素 A，作为甜点是很棒的选择！
这里使用的乌冬面是粉条的一种，与咸食乌冬面不同，购买时需注意。

材料（1 人份）

乌冬面 100 克
红薯 50 克
莲子 50 克

1 备好材料

红薯洗净，削皮；莲子洗净；乌冬面用冷开水洗净后，盛盘备用。

2 制作酱汁

将红薯、莲子及 300 毫升的水一起熬煮，至红薯、莲子熟透后，放凉备用。

3 加入乌冬面

将放凉的汤料均匀地淋在乌冬面上即可食用。

芒果鲜奶乌冬面

维生素 A

10 MIN

盛夏午后，孕妈咪也想来碗清凉甜品，
用富含维生素 A 的芒果与鲜奶制成的甜品，
不仅吃得清凉，也吃进营养。

材料（1 人份）

- 乌冬面 80 克
- 芒果 80 克
- 鲜奶 200 毫升

1 备好材料

芒果洗净后，削皮、切块。

2 备好乌冬面

挑选适合的食具，将乌冬面盛盘备用。

3 混和鲜奶与芒果

另取一碗，将芒果块与鲜奶混合均匀。

4 淋上鲜奶、芒果

在备好的乌冬面上，淋上作法 3 的食材
即可。

红豆乌冬面

 锌 70 MIN

红豆含有锌，对孕妈咪来说是不错的选择，
但由于不易熬煮熟透，建议也可使用电锅，缩料理的时间。

材料（1人份）

乌冬面 80 克
红豆 40 克
红砂糖 40 克

1 备好乌冬面

挑选适合的食具，将乌冬面盛盘，备用。

2 熬煮红豆

红豆洗净后，加入 600 毫升水熬煮至红豆熟透。

3 增加甜香

放入红砂糖搅拌均匀，放凉备用。

4 淋上汤料

在备好的乌冬面上淋上放凉的红豆汤料即可食用。

Part 3

孕期 5、6 月
精选食谱

孕期 5 至 6 月，孕妈咪需要补充足够的维生素 D、钙及铁，摄取维生素 D 及钙能够促进胎儿骨骼与牙齿的发育，孕妈咪为供给胎儿所需，得补充一定的钙质，维生素 D 则能帮助钙的吸收；而铁是生成红细胞的原料之一，可预防孕妈咪缺铁性贫血。

怀孕月份

5 月

钙　维生素D

功效：促进胎儿骨骼及牙齿发育

孕期5月，孕妈咪需补充足够的钙与维生素D，才能完整供应胎儿所需。维生素D有助钙的吸收，孕妈咪获取维生素D的来源很多，其中一项便是通过晒太阳来生成。

孕期5月开始，胎儿的骨骼与牙齿便会快速生长，因此对钙的需求量大增，孕妈咪需补充足够的钙，才能完全供应胎儿所需。

孕期缺钙可能造成四肢无力、腰酸背痛及肌肉痉挛，引起小腿抽筋、手足抽搐及麻木等不适症状，甚至导致骨质疏松、骨质软化症及妊娠高血压综合征等疾病。胎儿也可能出现颅骨软化、骨缝宽及囟门闭合异常等不良状况。

但若摄取过多的钙，却可能不利其他营养素如铁、锌、镁、磷的吸收，还会造成胎儿颅缝过早闭合导致难产，或胎盘提前老化而使胎儿发育不良等结果。

孕期缺乏维生素D，可能增加子癫前症的发生几率，影响胎儿脑神经发育及语言发展，也可能成为孩子日后肥胖的因素之一；但若通过高剂量锭剂补充，却可能摄取过量，造成胎儿副甲状腺功能抑制或先天性主动脉狭窄等症状。

孕妈咪只要维持均衡饮食，便能从中摄取足够的钙与维生素D，如果自行使用高剂量营养锭，可能造成吸收过量，因此在使用前一定要询问医生，以免造成负面结果。

富含钙的食物

生活中很多食物都富含钙，如鲑鱼、沙丁鱼、吻仔鱼、小鱼干、虾、黄豆及其相关制品、芝麻、海带、紫菜和深绿色蔬菜等，料理中加入白醋或食用富含维生素D的食物可以增强钙的吸收。

富含维生素D的食物

牛奶、奶油、蛋黄、肝脏、鱼肝油、鱼肉等动物性食物拥有较丰富的维生素D，橙黄、红色蔬果如木瓜、芒果、胡萝卜等植物性食物，也含有微量的维生素D。日晒10至15分钟，有助体内维生素D浓度的维持。

6月

铁

功效：防止缺铁性贫血

铁是红细胞生成的重要推手之一，在能量供应系统中也扮演着重要角色，这个阶段的孕妈咪跟胎儿都需要大量的营养素，加上怀孕之后孕妈咪的血液量会增加许多，铁的需求量也会跟着大增，所以应摄取均衡饮食，避免缺铁性贫血的发生。

孕妈咪缺乏铁，容易食欲不振、情绪低落、疲劳及晕眩，甚至有医学研究指出，严重缺铁的孕妈咪相较一般孕妈咪更容易出现早产，或是生出体重过轻的新生儿。

胎儿缺乏铁，容易出现生长迟缓的现象，宝宝出生后若未改善缺铁的情况，可能导致注意力无法集中。

一般，女性缺铁多半源于饮食习惯，通常 6 位中会出现 1 位。由于女性常为维持身材，选择食用鸡、鱼、海鲜等白肉，避开红肉及内脏类食物，或是在外面用餐增多，很少吃到足够的深绿色蔬菜，因此存在铁缺乏的普遍现象。

铁在酸性环境中吸收较好，建议多从动物性食物中获取，为了自己与胎儿的健康，孕妈咪要从食物中加强铁的摄取，甚至根据产检结果及医师的评估使用铁剂，补充足够的铁量才能让自己及胎儿同时拥有健康身体。

想要有效摄取铁，首先，每日需食用足够的深绿色蔬菜；其次，从饮食中补充足够的维生素 C 与维生素 D，增强铁的吸收；最后，避免同时摄取钙与餐后大量饮水，钙与铁会产生抑制现象，大量水分则会破坏利于铁吸收的酸性环境。

富含铁的食物

含有丰富铁的食物，以动物性食物内脏类及红肉居多，前者如猪肝、鸡肝、鹅肝、鱼肝、猪血、鸭血等，后者如猪肉、牛肉及羊肉等。植物性食物则以深绿色蔬菜含量最多，像菠菜、油菜、上海青、红薯叶、空心菜、芥菜、茼蒿和韭菜等。

鲜虾莎莎酱冷面

钙

15 MIN

酸中带甜的莎莎酱与面条、虾是天生绝配，莎莎酱的湿润软化了虾煎香后的干涩，
在西红柿与柠檬的酸甜口感中，虾的干煎香气显得更为迷人。

材料（1人份）

- 洋葱 50 克　西红柿 200 克
- 虾 5 只　蒜头 3 瓣
- 香菜 5 克　细面 1 份
- 柠檬 25 克　橄榄油 2 毫升

A
盐 1 克
白糖 2 克
黑胡椒 2 克
橄榄油 10 毫升

B
米酒 10 毫升
盐 2 克

1 备好食材

洋葱、西红柿切丁；蒜头切末；
柠檬榨汁备用。

营养重点

西红柿与柠檬含有丰富的维生素 C，可帮助消化并促进造血功能，提高孕妈咪的身体抵抗力，加速创伤恢复能力。另外，根据医学报告，记忆力衰退是由于血液循环退化，脑部血液循环因而受阻，妨碍脑部细胞的正常工作而造成的，维生素 C 同时具有改善血液循环不佳的功能，因此对于增强记忆力也有助益。

2 制作莎莎酱

将洋葱丁、西红柿丁与蒜末加入柠檬汁与材料 A 拌匀，制成莎莎酱。

3 鲜虾去肠泥

鲜虾背上划刀，挑去肠泥，用材料 B 腌 10 分钟。

4 虾子煎至熟色

锅中加入橄榄油烧热，放入鲜虾煎熟，待虾两面出现微微焦色即可关火。

5 淋上酱汁

面条加盐氽烫后，捞起冰镇并盛盘，将莎莎酱淋到面条上，铺上煎熟的虾与香菜即可。

韩式炒乌龙

铁 20 MIN

瘦肉含有丰富的铁质，孕妈咪可挑选适合的肉品作为面点料理；适量的韩式泡菜，带出猪肉片的鲜香，让孕期料理增添了不同的变化。

材料（1 人份）

韩式泡菜 50 克　猪肉片 50 克
蒜头 20 克　乌龙面 1 份

A　酱油 20 毫升
韩式泡菜汁 20 毫升

1 备好材料
蒜头洗净，切末备用。

2 煎香肉片

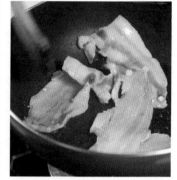

起油锅，爆香蒜末，再放进猪肉片煎至一面微焦。

3 泡菜增香

放入韩式泡菜均匀拌炒，炒至猪肉片两面皆呈现熟色。

4 面条沾附酱汁
下乌龙面拌炒，使酱汁沾附在面条上，再下材料 A 拌炒均匀即可。

豆腐鲜鱼面线

钙 30 MIN

豆腐及鱼肉含有丰富的钙质，适合作为此阶段孕期料理的食材之一。
香菇、姜片、豆腐及鲷鱼经过熬煮，自然鲜甜味全溶入汤汁中，口感滑顺而温润。

材料（1 人份）

- 鲷鱼片 2 片
- 鲜嫩豆腐 50 克
- 香菇 3 朵
- 木耳 3 朵
- 面线 1 把
- 老姜 1 块

A 米酒 10 毫升
盐 5 克

1 备好材料

香菇、鲷鱼片、豆腐切块；老姜切片；
面线汆烫以去除多余盐分及杂质备用。

2 熬煮高汤

加入 500 毫升水与香菇熬煮成高汤。

3 加入汤料

待高汤沸腾后，依序放入鲷鱼块、豆腐
块、姜片、木耳与材料 A 一起熬煮。

4 面线熬煮入味

最后放入面线熬煮 3 分钟即可。

榨菜肉丝面

铁 |  10 MIN

扫一扫·轻松学

瘦肉含有丰富的铁，可以供给此阶段的孕妈咪足够营养，
用它来入菜是不错的选择；自己在家做榨菜肉丝面，能降低重油、
重咸的风险，显得美味又健康。

材料（1人份）

榨菜丝 50 克　猪肉丝 80 克
蒜末 10 克　葱 3 支
小白菜 50 克　粗面 1 份
盐 5 克　食用油 2 毫升
芝麻油 5 毫升

A　白糖 10 克

1 备好材料
小白菜、葱洗净，切段；面条加盐
汆烫备用。

2 炒香汤料
起油锅，爆香葱段与蒜末，下肉丝
炒香，肉丝两面炒至熟色后加 200
毫升水熬煮。

3 熬煮汤汁
加入材料 A 调味，汤汁煮滚后，再
放入榨菜丝、小白菜煮至熟。

4 芝麻油增香
起锅前点上芝麻油，均匀地淋在面
条上即可。

雪菜肉丝面

 铁　 60 MIN

扫一扫·轻松学

肉丝含有丰富的铁质，适合搭配不同食材，化身为一道道可口而营养的面点；雪里蕻经常被使用在干炒类料理，放在面点里也是不错的选择。

材料（1人份）

肉丝 100 克　雪里蕻 60 克
笋子 30 克　姜末 15 克
葱花 15 克　细面 1 份
米酒 10 毫升　食用油 10 毫升

A　盐 10 克

1 备好材料
笋子切丝；雪里蕻去除头部并切末；面条加盐汆烫后，盛盘备用。

2 拌炒食材
起油锅，爆香姜末与葱花，加入肉丝拌炒，炒至略有熟色，便可以加入笋丝、雪里蕻拌炒。

3 调料增香
沿着锅边倒入米酒呛香后，拌炒均匀，加入材料 A 调味。

4 熬煮汤汁
在锅里倒入水一起熬煮，水位需盖过食材，沸腾后即起锅。

5 淋上酱汁
在汆烫好的面条上，均匀地淋上汤料即可。

什锦河粉

铁

20 MIN

培根本身的油脂极为丰富，建议利用它来炒香其他食材，
无需添加太多的油，以免增加孕妈咪身体的负担。

材料（1人份）

- 培根 40 克　鸡蛋 1 个　上海青 40 克
- 胡萝卜 20 克　葱段 10 克　柴鱼片 5 克
- 河粉 1 份　食用油 2 毫升

A 酱油 15 毫升
　芝麻油 5 毫升

1 备好材料

胡萝卜、上海青洗净切丝；培根切
小段；鸡蛋打散备用。

2 培根煎香

起油锅，培根下锅煎至有酥脆感，
沥油后捞起备用。

3 油煎蛋皮

利用培根煎出的油煎香蛋皮，并切
成蛋丝备用。

4 炒香蔬菜

爆香葱段后，加入胡萝卜及上海青
拌炒至熟色。

5 柴鱼片增香

加入河粉及材料 A 均匀拌炒至上
色，河粉熟透后，加入蛋丝及柴鱼
片拌炒均匀即可。

红酱海鲜意大利面

维生素 D

20 MIN

西红柿含有丰富的维生素 D，可作为红酱的基底食材，
搭配不同的食材一起料理，可以为孕期料理创造更多的可能。

材料（1 人份）

西红柿 500 克　洋葱 50 克　蒜头 40 克
罗勒 10 克　意大利圆面 1 份　牡蛎 50 克
鱼丸 30 克　蟹肉棒 30 克　盐 5 克
橄榄油 10 毫升

A
蚝油 15 克
黑醋 5 毫升

1 备好材料

洋葱、蒜头洗净，切丁；罗勒切碎；西
红柿、牡蛎、鱼丸及蟹肉棒洗净备；西
红柿去蒂后画十字，待水煮开将西红柿
放入其中，皮掀起即捞出、去皮；将去
皮的西红柿分为四等份，挖出籽，只留
果肉切丁。

2 制作红酱

用橄榄油小火爆香洋葱、蒜头，洋葱丁
变透明后加入西红柿丁拌炒，再放入水
及罗勒熬煮 15 分钟。

3 汆烫面条

起一锅水，加入盐，将面条汆烫备用。

4 调味增香

将材料 A、40 毫升水放入锅中，熬煮至
沸腾。

5 炒香配料

放入蟹肉棒、鱼丸及面条一起拌炒均匀。

6 放入牡蛎

将红酱与熬煮过的材料 A 一起加入锅中
均匀拌炒，待面条上色后，放入牡蛎炒
熟即可盛盘。

奶油海鲜意大利面

钙　35 MIN

色彩缤纷的贝壳面在白酱的衬托下，呈现令人食指大动的温暖光泽，
虾的独特煎香扑鼻而来，这道面点不仅为孕妈咪补足营养，也带来视觉享受。

材料（1人份）

无盐奶油 70 克　面粉 70 克　鲜奶 150 毫升　鲜奶油 40 克
牡蛎 10 个　蟹肉 20 克　虾 3 只　意大利贝壳面 1 份
盐 10 克　橄榄油 5 毫升　黑胡椒 5 克

1 制作白酱

热锅后小火融化无盐奶油，分两次
倒入面粉，期间不停拌炒以免烧焦，
用小火搅拌至黏糊状，无结块时加
入鲜奶及盐，冒泡后关火，加入鲜
奶油搅拌至其溶化。

2 备好材料

洗净牡蛎及蟹肉；虾洗净，挑去肠
泥备用。

3 汆烫贝壳面

起一锅水，加入盐，将贝壳面汆烫
备用。

4 煎香鲜虾

起油锅，将虾煎熟，至表皮略显焦
色，放置一旁备用。

5 炒香面料

利用锅中剩余的油脂拌炒蟹肉，略
微熟色即可加入白酱均匀搅拌。

6 沾附酱料

放入贝壳面、黑胡椒拌炒均匀后，
再放入牡蛎，以用贝壳面压覆焖熟，
盛盘后摆上煎熟的虾即可。

西红柿蘑菇炒面 ◇铁◇

很多孕妈咪喜欢铁板面，但外面做的常添加过多调味，
食材也过于单一，无法顾及孕期所需营养，
这里特别以铁板面为原型，替孕妈咪量身打造适宜食谱。

材料（1人份）🍴

- 蘑菇 5 朵　猪肉丝 50 克
- 西红柿 100 克　罗勒 10 克
- 原味起司 1 片　油面 1 份
- 食用油 10 毫升

A
蚝油 20 克
白糖 2 克
盐 3 克

1 备好材料
蘑菇切片；猪肉丝剁碎；西红柿切小块。

2 炒香配料
起油锅，拌开猪肉末，下蘑菇、西红柿一起拌炒。

3 加入调料
下材料 A 及 50 毫升水拌炒均匀，放入油面炒至收汁。

4 焖熟罗勒
罗勒下锅后，用面条盖住，关火后闷一会儿，拌匀便可起锅。

5 放上起司片
盛盘后，放上一片起司片用面条热气慢慢将其融化即可。

火腿贝壳面

 钙 25 MIN

由于添加了富含钙质的鲜乳，白酱口感显得浓厚香醇，
酱汁包覆了洋葱的香气、玉米的鲜甜与火腿的咸香，
搭配五颜六色的贝壳面让人不禁垂涎欲滴。

材料（1人份）

- 无盐奶油 70 克　面粉 70 克　鲜奶 150 克　鲜奶油 40 克
  意大利贝壳面 1 份　火腿 30 克　玉米 30 克　洋葱 30 克
  橄榄油 10 毫升　黑胡椒 5 克　盐适量

1 制作白酱
热锅后小火融化无盐奶油，分两次倒入面粉，期间不停拌炒以免烧焦，用小火搅拌至黏糊状，无结块时加入鲜奶及盐，冒泡后关火，加入鲜奶油搅拌至其溶化。

2 备好材料
火腿切丁；洋葱切末；贝壳面加盐氽烫备用。

3 炒香配料

起油锅，爆香洋葱后，加入火腿、玉米一起炒香。

4 面酱合一

加入贝壳面、盐及白酱拌炒。

5 黑胡椒增香
盛盘后撒上黑胡椒增香即可食用。

什锦猪肝面

猪肝含有丰富的铁质，
可作为孕妈咪补充铁质的选择食材之一，
在购买时，要挑选暗红色、
外表无斑点且拥有平滑表面、
沒有异味的新鲜猪肝方为上选。

材料（1人份）

胡萝卜40克　木耳40克
洋菇40克　猪肝50克
油面1份　高汤200毫升
米酒5毫升

A　盐5克
芝麻油5毫升

1 备好材料

面条氽烫备用；胡萝卜、木耳、洋菇切片。

2 猪肝抓腌

猪肝洗净至无血水，切成薄片，用米酒腌渍15分钟备用。

3 氽烫猪肝片

起一锅水，沸腾后放入猪肝片，氽烫10秒后捞起。

4 洗净杂质

用冷水洗净猪肝表面杂质后，沥干备用。

5 熬煮汤料

用高汤熬煮胡萝卜、木耳、洋菇，沸腾后加入面条继续熬煮，最后加入猪肝及材料A搅拌均匀，3分钟后关火即可。

黑胡椒蘑菇面

铁

20 MIN

洋葱的甜、蘑菇的醇与蒜头的香全部融合在酱汁里，
在家制作的黑胡椒酱，让孕妈咪吃得健康又安心。

扫一扫·轻松学

材料（1人份）

洋葱 75 克　蘑菇 10 朵
蒜末 15 克　乌龙面 1 份
食用油 10 毫升

A 黑胡椒 15 克　蚝油 15 克
番茄酱 20 克　白糖 10 克

1 备好材料

将洋葱一半切丝，一半切末；蘑菇
切片。

2 炒香蘑菇

起油锅，用中火爆香蒜末、洋葱
末，再加入蘑菇拌炒。

3 调味增香

放入材料 A 及 20 毫升的水，拌炒
均匀。

4 面条入味

炒至收汁，放入面条拌散以吸附酱
汁，再放入洋葱丝、10 毫升水拌炒
至沸腾即可。

西红柿肉丝炒河粉

 维生素 D

 20 MIN

西红柿的酸味被清甜的蔬菜给柔化了，
搭配河粉健康无负担，很适合作为孕妈咪的精选料理。

材料（1 人份）

洋葱 50 克
红椒 50 克
包菜 80 克
肉丝 50 克
河粉 1 份
西红柿高汤 100 毫升
食用油 10 毫升

A　白胡椒 5 克
　　盐 5 克

1 备好材料

洋葱、红椒切丝；包菜切片。

2 蔬菜炒香

起油锅，将洋葱、红椒与包菜炒
软、炒香。

3 肉丝炒熟

加入肉丝拌炒至熟色。

4 添加高汤

最后放入西红柿高汤、材料 A 与
河粉，炒至收汁即可。

红酱明虾面

钙 · 35 MIN

虾富含钙质，可以作为钙的摄取来源之一。利用大量的蔬菜来制作红酱，不仅口感好，更无需担心吃进太多食品添加剂。

材料（1人份）

- 西红柿 500 克　洋葱 50 克　蒜头 40 克
- 罗勒 30 克　意大利扁面 1 份　明虾 4 只
- 盐 10 克　橄榄油 10 毫升

A　盐 5 克
　　米酒 10 毫升

1 备好材料

洋葱、蒜头洗净，切丁；罗勒切碎；明虾洗净；面条加盐氽烫备用。

2 制作红酱

西红柿去蒂后画十字，待水煮开将西红柿放入，皮掀起即捞出、去皮；西红柿分为四等份，挖出籽，只留果肉切丁；用橄榄油小火爆香洋葱、蒜头，洋葱丁变透明后加入西红柿丁拌炒，再放入水及罗勒熬煮 15 分钟。

3 明虾去腥

虾背上划一刀去肠泥，先用材料 A 充分抓匀，再腌 10 分钟。

4 明虾煎香

起油锅，将明虾煎至表皮微焦、虾肉呈现熟色即可。

5 沾附酱汁

将意大利面加入做法 2 的锅中拌炒 2 到 3 分钟，加盐调味后盛盘。

6 铺上明虾

在盛盘后的意大利面上，整齐地摆上煎好的明虾即可食用。

蒜苗腊肉炒面

铁

20 MIN

腊肉本身的咸味已经很足够，
因此入菜时，不宜再添加过多的盐，
以免对孕妈咪的身体造成负担。

材料（1人份）

- 腊肉约50克
- 包菜50克
- 洋葱30克
- 蒜苗1支
- 细面1份
- 乌醋5毫升
- 食用油适量

A 白胡椒粉5克
   白糖2克

1 备好材料

洋葱、包菜切丝；蒜苗斜切成薄片；腊肉切薄片；面条氽烫备用。

2 爆香洋葱、蒜苗

热油锅，爆香洋葱与蒜苗。

3 拌炒腊肉

放入包菜、腊肉拌炒均匀。

4 调味增香

待包菜呈现熟色后，加入材料A调味，并放入面条拌匀。

5 点上乌醋

起锅前加少许乌醋即可。

鲜蔬鸡蛋面

铁

20 MIN

面条吸附了鸡高汤的醇厚及小白菜的鲜甜、
蒜末的煎香，拌上美味的鸡蛋，口感清爽又营养十足！

材料（1 人份）

小白菜 45 克
鸡蛋 1 个
细面 1 份
蒜末 5 克
鸡高汤 200 毫升
食用油适量

A　盐 5 克
　　白胡椒 5 克

1 备好材料

小白菜洗净，切小段；鸡蛋打散；
面条加盐氽烫备用。

2 炒香鸡蛋

起油锅，爆香蒜末，加入蛋液拌炒
均匀，盛起备用。

3 熬煮蔬菜

另起一锅，加入鸡高汤及适量水、
材料 A 熬煮至沸腾，再放入小白菜
及面条，继续熬煮至小白菜熟透。

4 灑上炒蛋

盛盘后添上炒蛋即可。

鸡肝面

鸡肝含有丰富的铁质，可以作为孕妈咪补充铁质的来源之一，
搭配青菜一起料理，不但补足纤维质，也增添口感。

材料（1人份）

鸡肝 30 克
上海青 45 克
鸡蛋 1 个
姜 15 克
细面 1 份
食用油 10 毫升

A
盐 5 克
芝麻油 5 毫升
白胡椒 5 克

1 备好材料

鸡肝洗净，切末；上海青洗净，
切细丝；鸡蛋打散；姜洗净，切末；
面条氽烫备用。

2 炒香鸡肝

起油锅，爆香姜末，再加入鸡肝
拌炒至熟。

3 加水熬煮

加入 350 毫升的水，沸腾后加入
蛋液。

4 面条入味

待蛋花形成后，放入面条及上海
青继续熬煮，下材料 A 搅拌均
匀，上海青熟后即可。

西红柿牛肉面

西红柿的自然酸味柔化了牛肉的口感，佐一口微酸汤头，
里面融合了些微蒜香及西红柿的鲜香，令人十分满足。

材料（1人份）

牛肉 50 克　西红柿 100 克
葱 1 支　蒜 15 克
粗面 1 份　食用油 10 毫升
豆瓣酱 10 克

A
盐 5 克
芝麻油 5 毫升
白胡椒 5 克

1 备好材料
牛肉洗净，切片；葱、蒜洗净，切末；
西红柿洗净，切块；牛肉氽烫备用；
面条氽烫备用。

2 熬煮高汤
起一锅水约 600 毫升，加入西红柿
熬煮，沸腾后转中火熬煮 20 分钟。

3 牛肉炒香
起油锅，爆香蒜末后，加入牛肉炒
香，下豆瓣酱均匀拌炒，牛肉一面
呈熟色后即可。

4 高汤煨煮入味
将高汤加入一起熬煮，放入面条及
材料 A，拌炒均匀，3 分钟后即可
起锅。

5 葱花增色
盛盘后，将葱花撒在面上即可。

乌龙面蒸蛋

铁

20 MIN

鸡蛋与红扁豆都含有铁质，可以作为此阶段孕妈咪补充营养素的食材选择；
加入乌龙面的蒸蛋不仅增添口感，也更有饱足感，使孕妈咪不易饥饿。

材料（1人份）

乌龙面 1 份
鸡蛋 1 个
红扁豆 15 克
葱 1 支
盐 5 克

A
鲣鱼露 10 毫升
淡色酱油 10 毫升

1 备好材料

葱切末；红扁豆洗净；鸡蛋打散
备用；乌龙面加盐汆烫备用。

2 蛋液调味

取一碗，放入蛋液、材料 A 一起
拌匀。

3 加入面料

加入乌龙面及红扁豆搅拌均匀，
最后放上葱花。

4 大火蒸熟

取一蒸笼，放入作法 3 的食材，
用大火蒸煮 3 至 5 分钟后，将蒸
笼略开一小缝，转小火续蒸 8 至
10 分钟，取出撒上葱花即可。

综合水果乌冬面

梨子、苹果与猕猴桃都含有钙质，可以补充孕期所需的营养，夏天的午后来上一碗，燥热暑气瞬间全消了。

材料（1人份）

- 乌冬面 150 克
- 梨子 40 克
- 苹果 40 克
- 猕猴桃 40 克

A 蜂蜜 30 克

1 备好材料
梨子洗净，切块；苹果洗净，切块；猕猴桃洗净，切块。

2 铺上水果块
乌冬面盛盘后，铺上水果块。

3 蜂蜜增香
最后淋上蜂蜜即可。

Part 4

孕期 7、8 月
精选食谱

孕妈咪在 7、8 月孕期需补充足够的"脑黄金"与碳水化合物，才能使胎儿的大脑及视网膜正常发育，并维持母体与胎儿的热量需求。脑磷脂、卵磷脂、DHA、EPA 等被合称为脑黄金，能转化为胎儿脑部、视网膜发育的必需脂肪酸；碳水化合物摄取充足，则可以避免胎儿酮症酸中毒或蛋白质缺乏。

脑黄金

功效：帮助胎儿脑部及
视网膜正常发育

孕期 7 月，孕妈咪需要补充足够的"脑黄金"。脑磷脂、卵磷脂、DHA 及 EPA 等物质被合称为脑黄金，对于孕妈咪来说，是这阶段很需要的营养素之一。

脑黄金不仅可以防止早产、增加宝宝出生时的体重及避免胎儿发育迟缓，还可以帮助胎儿脑部及视网膜正常发育，是非常重要的营养素之一。DHA 被人体吸收以后，绝大部分会进到细胞膜中，并集中在视网膜或大脑皮质中，进而组成脑部视网膜的感光体。

DHA 是大脑皮质的组成成分之一，对脑部及视网膜发育具有重要功能。一般成人可由必需脂肪酸转化出 DHA，但孕妈咪及婴幼儿则必须通过饮食，加强摄取富含脑黄金的食物。

另外，脑黄金对于神经及心血管系统的健康也十分重要，不但可以提高认知力，还能降低心脏病等发病率。

孕妈咪若是缺乏脑黄金，胎儿的脑细胞膜和视网膜中的脑磷脂容易不足，极可能造成大脑及视网膜发育迟缓，因而造成流产、早产，或导致宝宝先天性近视，甚至先天迟缓等现象。

虽说摄取充足的脑黄金对孕妈咪而言十分重要，但摄取过多，仍会造成不良影响。首先，可能影响孕妈咪的免疫及血管功能；其次，富含脑黄金的食物通常为高热量食物，摄取过多可能使孕妈咪体重过重，反而造成身体负担。

富含脑黄金的食物

富含脑黄金的食物主要有两大类，其一为坚果，其二为海鱼。坚果类有核桃、腰果、夏威夷果、杏仁、花生、胡桃、榛果、开心果、松子、葵花子、南瓜子以及瓜子等，海鱼则有鲔鱼、鲭鱼、鲑鱼、马鲛鱼、秋刀鱼、白带鱼及沙丁鱼等。

碳水化合物

功效：维持孕妈咪及胎儿身体热量需求

在这个阶段，孕妈咪需要特别注意碳水化合物的摄取，由于胎儿开始在肝脏及皮下储存脂肪，若无法从母体摄取足够的碳水化合物，容易造成酮症酸中毒或蛋白质缺乏。

人体所需能量中有 70% 来自碳水化合物，而碳水化合物主要由三大元素碳、氢、氧所组成，是生物细胞结构主要成分及供给物质，可说是地球上最丰富的有机物质，对人体有几个重要作用：供给能量、构成细胞和组织、节省蛋白质和维持脑细胞的正常功能等。

孕妈咪碳水化合物摄取不足，可能导致胎儿脑细胞所需葡萄糖供应减少，而大幅减弱胎儿的记忆、学习及思考能力。

对于母体，则可能造成血糖含量降低，进而产生肌肉疲乏无力、身体虚弱、头晕、心悸以及脑功能障碍等症状，严重者还可能产生妊娠期低血糖昏迷。

碳水化合物是胎儿每日新陈代谢的必需营养素，最佳来源正是孕妈咪每日餐点中的主食，因此，孕妈咪的饮食必须定时及定量，借以维持正常的血糖指数，才能供给胎儿新陈代谢所需营养素，帮助其正常生长。

虽说碳水化合物十分重要，但孕妈咪也不可因而摄取过多，若是饮食中摄取过多碳水化合物，很容易转为脂肪储存在体内，导致肥胖而妨害自身及胎儿健康，并罹患上妊娠高血压、妊娠糖尿病之类的疾病。

富含碳水化合物的食物

很多食物都富含碳水化合物，像谷类、豆类、根茎蔬菜类及面粉制品等，谷类如白米、糙米、小米、紫米、燕麦、荞麦等；豆类如红豆、绿豆、黄豆、花豆、皇帝豆等；根茎蔬菜类如土豆、红薯等；面粉制品如粗面、细面、油面、乌冬面、意大利面等。

鲈鱼面线

脑黄金 40 MIN

鲈鱼的料理方式非常多，这里采用的是先煎香再熬汤的料理手法；
姜片与鲈鱼煎香后，香味全融在汤头里，结合红枣的甜味，显得十分可口。

材料（1 人份）

鲈鱼 400 克
红枣 10 颗
姜 25 克
面线 1 把
食用油 10 毫升
米酒 10 毫升

A　米酒 10 毫升
　　食用油 10 毫升

1 备好食材

红枣洗净；鲈鱼洗净后，去除内
脏并切块；姜洗净，切薄片备用；
面线汆烫去除杂质及多余咸味，
备用。

2 红枣甜味入汤

将 1/3 姜片及红枣放入 800 毫升
水中熬煮 20 分钟，让姜片及红枣
的味道全都融入汤汁中。

营养重点

鲈鱼含有脑黄金、维生素A、B族维生素及维生素D等丰富营养素，不仅有助增加体力、增强对疾病的抵抗力、预防感冒、强化牙齿及骨骼，还能增加免疫力及抗癌，好处非常多。另外，还可以改善孕妈咪胎动不安的情况，是孕期七月可以选择的营养来源之一。

3 爆香姜片

起油锅，将剩余的姜片放入锅中爆香，数量可以稍多，除作为汤头提味外，也可利用姜片的浓郁香气去除鲈鱼腥味。

4 鲈鱼煎至熟色

放入鲈鱼煎香，煎至其表面呈现微微焦色，再沿锅边下米酒呛香。

5 熬煮汤料

倒入作法2的汤汁，加入材料A搅拌均匀，继续熬煮10分钟即可关火。

6 汤面合一

将汆烫好的面线放在备好的碗中，倒入作法5的汤料即可食用。

丝瓜乌冬面

 碳水化合物

 30 MIN

乌冬面是很多人记忆中的温暖小吃食材，其温润口感搭配虾米的鲜香、丝瓜的清甜以及香菇的滑顺，谱成一道最动人的餐桌风景。

材料（1人份）

- 乌冬面 1 份　丝瓜 1 条
- 香菇 50 克　虾米 10 克
- 食用油 10 毫升

A 盐 5 克
　白胡椒 5 克

1 备好材料

丝瓜洗净，切块；香菇洗净，切丝。

2 熬煮汤底

起一锅 500 毫升的水，放入丝瓜熬煮成清汤。

3 虾米爆香

另起油锅，加入虾米爆香，待香味出来后加入香菇一起拌炒至熟。

4 乌冬面沾附酱汁

下乌冬面拌炒，倒入作法 2 的丝瓜汤底，再下材料 A 拌炒均匀即可。

青酱鲷鱼面

脑黄金
25 MIN

坚果拥有丰富的脑黄金，可以作为孕妈咪料理选择之一；
青酱的基底食材包含坚果，孕妈咪可以视自己拥有的材料作些微调整。

材料（1 人份）

- 罗勒 100 克　坚果 80 克
- 蒜头 50 克　乳酪粉 20 克
- 鲷鱼 1 片　意大利圆面 1 份
- 橄榄油 35 毫升　意式香料 10 克
- 盐 10 克

A
- 米酒 10 毫升
- 盐 5 克

1 备好材料
鲷鱼洗净，切片；面条加盐汆烫备用。

2 制作青酱
将罗勒、坚果、橄榄油与蒜头放入果汁机打匀后，加入乳酪粉拌匀。

3 煎香鲷鱼

起油锅，加入鲷鱼煎香，煎至其表面呈焦色。

4 调料增香

撒上意式香料，增添鲷鱼香气，鱼肉煎熟后盛盘备用。

5 加入青酱
原锅里加入青酱、材料 A 及面条拌炒均匀，沸腾后即可盛盘。

6 铺上鲷鱼

在盛盘好的面条上，整齐地铺上鲷鱼片即可。

虱目鱼米粉

脑黄金 25 MIN

虱目鱼肚口感滑嫩鲜美，鱼刺较其他部位明显及稀少，
适合孕妈咪作为补充脑黄金的食材来源。

扫一扫·轻松学

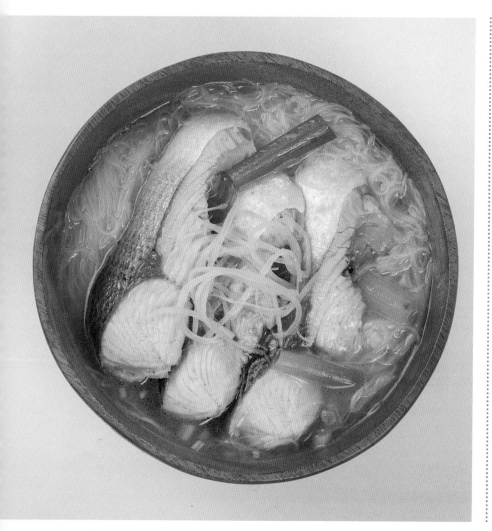

材料（1人份）

虱目鱼肚 1 块　米粉 1 份
姜丝 20 克　芹菜末 30 克
葱段 20 克　食用油 10 毫升
米酒 30 毫升　盐适量

1 备好材料
将虱目鱼肚片成小块。

2 煎香虱目鱼
起油锅，煎香虱目鱼肚，鱼肉那面
先下锅，可减少喷溅。

3 熬煮米粉
下葱段、姜丝爆香，再放入米酒去
腥，加热开水、米粉及一半芹菜末
熬煮。

4 芹菜增香
最后放入盐调味，盛盘后撒上另一
半芹菜末即可。

小卷面线

购买时要选择新鲜的小卷，不但较容易保留完整营养，
口感也较佳，无需过多调味，整碗面线便充满鲜甜海味了。

碳水化合物 | 20 MIN

扫一扫·轻松学

材料（1 人份）

- 小卷 6 只　葱 3 根
- 姜 3 片　面线 1 份
- 米酒 30 毫升　盐 5 克
- 胡椒粉 5 克　乌醋 5 毫升
- 芝麻油 5 毫升　食用油 5 毫升

1 备好材料

葱切段；姜切丝；面线汆烫，去除杂质及咸味即可捞起，无需熟透，备用。

2 炒香小卷

起油锅，爆香葱段、姜丝，下小卷炒香，加米酒增香。

3 熬煮面线

加入 250 毫升水、盐一起熬煮，再放入面线烹煮至入味。

4 调味增香

均匀地放入乌醋、芝麻油，起锅前下胡椒粉增香即可。

081

旗鱼米粉汤

旗鱼口感厚实、味道鲜美，姜、蒜恰到好处的煎香及芹菜的浓郁鲜香，融合成一碗极富营养又可口的旗鱼米粉汤。

扫一扫·轻松学

材料（1人份）

芹菜 30 克　姜 3 片
旗鱼 100 克　米粉 1 份
蒜苗 3 支　食用油 20 毫升
盐 5 克　胡椒 5 克
芝麻油 5 毫升

1 备好材料
芹菜切末；蒜苗切斜刀；旗鱼切厚片备用，长度约一指节。

2 煎香旗鱼
起油锅，下旗鱼片煎香，至其边缘有焦色即可。

3 米粉入味
将蒜苗、姜片爆香后，加入 150 毫升热水、米粉及盐熬煮至沸腾。

4 调味增香
盛盘后均匀撒上芹菜末、胡椒，点上芝麻油即可。

酸辣汤面

扫一扫·轻松学

酸辣汤面自己动手做，既好吃，
又无需担心材料不新鲜、放了过多食品添加剂等问题。

材料（1人份）

鸡蛋 1 个　姜 3 片
豆腐 100 克　竹笋 50 克
肉丝 50 克　胡萝卜 20 克
油面 1 份　太白粉 10 克
盐 10 克　胡椒 20 克
木耳 80 克　芝麻油 5 毫升
酱油 10 毫升

1 备好材料

将胡萝卜、木耳、豆腐、竹笋切丝；肉丝加入 5 克太白粉抓腌；鸡蛋打散；面条加盐汆烫后盛盘备用。

2 拌炒汤料

将木耳、笋丝、胡萝卜、豆腐、姜片下锅，放入酱油、盐一起拌炒，待锅中沸腾后，将肉丝一条条地加入，以免在锅中结团。

3 加入蛋液

将剩余太白粉与水在小碗中搅拌后均匀下锅，以免结块，再下蛋液，沿锅边推移，以防破坏蛋形。

4 调味增香

起锅前加入芝麻油与胡椒，淋在面条上即可。

金沙河粉

碳水化合物

40 MIN

由于咸蛋黄已有一定的咸味，因此不用再放盐或酱油调味，以免料理过咸影响口感，也造成孕妈咪身体的负担。

材料（1人份）

- 咸蛋黄1个　虾仁10只　蒜头4瓣
- 油葱10克　韭菜2根　豆芽菜100克
- 河粉1份　胡椒5克　盐2克

A 鸡高汤150毫升

1 备好材料

虾仁先用胡椒、盐抓腌备用；韭菜切段；蒜头切片。

2 爆香蒜片

起油锅，下蒜片爆香，煎至两面呈现微微焦色。

3 拌炒咸蛋黄

放入咸蛋黄炒至起泡，再下河粉拌炒均匀。

4 熬煮汤料

加入材料A一起熬煮至沸腾，放入腌过的虾仁、豆芽菜一起熬煮。

5 油葱增香

虾仁呈现熟色后，放入韭菜及油葱熬煮至收汁即可。

三色面汤

小小一碗面，是母亲爱孩子的一片心，红色、紫色、绿色，
三色相缠，如此漂亮又美味，愿我们的孩子们都能健康成长。

材料（1人份）

紫甘蓝汁 100 毫升
胡萝卜汁 100 毫升
菠菜汁 100 毫升
面粉 255 克
葱花少许

A 盐 3 克　芝麻油 5 毫升

1 揉制面团
取 3 个碗，分别倒入相同分量的
面粉，再将胡萝卜汁、紫甘蓝汁、
菠菜汁分别倒入碗中，揉成三种
面团，再醒 10 分钟，备用。

2 切成面条
将三种面团分别擀成厚度均匀的
面皮，折叠好，再用刀切成细长
的面条。

3 熬煮面条
锅中注水烧开，倒入面条，划散，
待面条稍微上浮、膨胀，加入材
料 A，稍煮片刻；捞出煮好的面
条后放入碗中，舀上适量的汤
水，撒上葱花即可。

鸡丝凉面

 碳水化合物

 20 MIN

口感较为干涩的鸡胸肉，有了面酱的润泽，显得鲜美顺口，
加上蔬菜丝的脆口及自然鲜甜，与油面做了很好的搭配。

材料（1人份）

鸡胸肉 50 克　胡萝卜 30 克
小黄瓜 30 克　豆芽菜 30 克
油面 1 份　蒜末 5 克
芝麻酱 5 克

A
淡色酱油 5 毫升
白醋 5 毫升
白糖 5 克
盐 2 克
芝麻油 5 毫升

1 制作面酱

将蒜末、芝麻酱与材料 A 混合，搅
拌均匀备用。

2 备好材料

胡萝卜、小黄瓜洗净，切丝；豆芽
菜洗净后，去除根部；鸡胸肉洗净，
切片。

3 汆烫鸡胸肉

锅中注入适量水烧开，放入鸡胸肉
汆烫，以去除血水与杂质，再撕成
鸡丝备用。

4 蔬菜冰镇备用

再将胡萝卜丝、小黄瓜丝及豆芽菜
焯烫后，用冰开水冰镇备用。

5 淋上面酱

将油面盛入适合的食具，铺上胡萝
卜丝、小黄瓜丝、豆芽菜及鸡丝，
最后均匀淋上面酱即可食用。

奶油玉米鲷鱼面

碳水化合物

35 MIN

贝壳面均匀地沾附上白酱，放进嘴里香气浓郁，
加上玉米的清甜及鲷鱼的细嫩鲜美，令人不禁一口接着一口。

材料（1 人份）

无盐奶油 70 克　面粉 70 克　鲜奶 150 毫升
意式香料 5 克　鲜奶油 40 克　食用油 5 毫升
玉米 40 克　鲷鱼 50 克　贝壳面 1 份　盐 5 克

A　黑胡椒 5 克
　　盐 5 克

1 制作白酱

热锅后小火融化无盐奶油，分两次倒入面粉，期间不停拌炒以免烧焦，面粉糊发泡后再倒入水，用小火搅拌至乳液状，无结块时加入鲜奶，冒泡后关火，加入鲜奶油搅拌至其溶化。

2 备好材料

鲷鱼洗净，切片；贝壳面加盐氽烫备用。

3 煎香鲷鱼

起油锅，下鲷鱼片煎香，待其呈现熟色后，洒上意式香料调味增香，并盛起备用。

4 加入玉米

在同一锅里放进玉米，利用煎鲷鱼剩余的油炒香玉米，再放入贝壳面拌炒均匀。

5 白酱增香

放入白酱、材料 A 拌炒均匀即可盛盘，最后铺上煎香的鲷鱼片即可食用。

当归枸杞面线

当归与枸杞的香味淡淡地融入面汤里，
面线多余的咸味已被汆烫掉，保留一点点的咸香，令人垂涎三尺。

碳水化合物 · 35 MIN

扫一扫·轻松学

材料（1 人份）

面线 1 份　当归 15 克
枸杞 15 克　盐 5 克
芝麻油 10 毫升

1 备好材料

当归、枸杞洗净，备用。

2 汆烫面线

起一锅滚水，放入面线汆烫，以去除杂质与多余咸分。

3 熬煮汤底

另起一锅，放入 600 毫升水与当归、枸杞一起熬煮，熬煮至枸杞膨胀、浮起。

4 放入面线

再放入汆烫好的面线一起熬煮 3 至 5 分钟，加入盐调味，起锅前点上芝麻油即可。

凉拌粉皮

碳水化合物 20 MIN

沾附酱汁的粉皮浓郁鲜香，搭配小黄瓜丝的爽口、
胡萝卜丝的脆甜及芹菜的水分，口感变得更有层次。

材料（1 人份）

```
┌ 胡萝卜 30 克    芹菜 2 支
│ 小黄瓜 30 克    蒜末 5 克
│ 绿豆粉皮 1 份
└ 芝麻酱 5 克
```

```
   淡色酱油 5 毫升
   白醋 5 毫升
A  白糖 5 克
   盐 2 克
   芝麻油 5 毫升
```

1 制作面酱
将蒜末、芝麻酱与材料 A 搅拌均匀备用。

2 备好材料
胡萝卜、小黄瓜洗净，切丝；芹菜洗净，切条，留一撮完整的芹菜叶洗净备用。

3 备好粉皮
挑选一个适合的食具，将粉皮盛盘备用。

4 淋上酱汁
把面酱均匀地淋在粉皮上，再将小黄瓜丝、胡萝卜丝及芹菜条铺好，最后摆上芹菜叶即可食用。

海鲜面疙瘩

碳水化合物

55 MIN

融合浓郁海味的面疙瘩适合作为此阶段的精选食谱之一，各种材料都撷取一点来使用，不仅营养全部兼顾，孕妈咪也无需担心饮食过量。

材料（1 人份）

香菇 1 朵　牡蛎 10 个
鱼丸 2 个　鱼板 5 片
虾 2 只　白胡椒 5 克
蟹肉棒 15 克　盐 5 克

A　中筋面粉 100 克
　　盐 5 克

1 制作面疙瘩
将材料 A 与 80 毫升水揉搓成面团，并醒 30 分钟，再将面团揉成长条形；煮锅滚水，取面团撕捏成片状后下锅，煮至浮起便可捞出。

2 备好材料
牡蛎、鱼丸、蟹肉棒洗净；虾洗净，去肠泥；香菇、鱼板洗净，切片。

3 熬煮汤料
起一锅 600 毫升水，加入鱼板、鱼丸及香菇一起熬煮，沸腾后再下虾及蟹肉棒。

4 放入面疙瘩
虾转为红色后，放入面疙瘩及盐、白胡椒搅拌均匀。

5 牡蛎增味
最后放入牡蛎一起熬煮，待牡蛎呈现熟色即可关火、盛盘。

金瓜米粉

 碳水化合物

 35 MIN

南瓜口感鲜甜，与炒料十分搭配；米粉充分吸附了酱汁，
使口感不至于太过干涩，反而因为蔬菜的清甜，显得十分丰富。

材料（1 人份）

干米粉 100 克　南瓜 100 克
猪瘦肉 80 克　洋葱 80 克
木耳 50 克　虾米 10 克
蔬菜高汤适量　香菜叶 1 撮
食用油 10 毫升

A
酱油 20 毫升
白糖 5 克
盐 5 克
胡椒粉 5 克

1 备好材料

将干米粉用冷水泡软，沥干；南
瓜去皮、去籽，切条状；猪瘦肉、
洋葱、木耳切丝；虾米放入水中
泡软。

2 调配酱汁

取小碗，加入 300 毫升水及材料
A 搅拌均匀，放置一旁备用。

3 爆香虾米与洋葱

起油锅，用中大火爆香虾米与洋
葱，再放入肉丝，炒至九分熟。

4 炒香木耳

加入木耳炒香后，放入酱汁，再
加入蔬菜高汤熬煮至沸腾。

5 加入南瓜

放入南瓜条及米粉，炒至汤汁收
干，再放上香菜叶装饰即可。

坚果炸酱面

 脑黄金

 20 MIN

食用坚果炸酱面时，孕妈咪可以把底层的豆芽菜翻搅上来，让面、豆芽菜均匀地沾附酱汁；腰果增添了营养，也丰富了料理的口感。

材料（1人份）

腰果 15 克　蒜 10 克　葱 30 克
豆芽菜 30 克　细面 1 份
芝麻酱 5 克　芝麻油 5 毫升

A
酱油 10 毫升
白醋 5 毫升
白糖 5 克
盐 2 克

1 备好材料
腰果及蒜头捣末；葱切末；豆芽菜洗净，去除多余的部分；面条氽烫备用。

2 蒜末爆香
起油锅，爆香蒜末，加入材料 A 及芝麻酱，小火拌炒至沸腾后关火。

3 加入腰果
加入腰果末拌炒均匀后，放进小碗备用。

4 焯烫豆芽菜
豆芽菜焯烫后，捞起备用。

5 淋上酱汁
选一适合食具，将豆芽菜铺在最底层，把面条覆盖在上面，均匀地淋上拌炒过的腰果末。

6 撒上葱花
最后撒上葱花增色即可。

鳝丝蔬菜面

 脑黄金 35 MIN

鳝鱼含有丰富的脑黄金，也很适合与洋葱一起拌炒做成糖醋口味的，孕妈咪可以根据自己的口味来作选择。

材料（1 人份）

┌ 包菜 40 克　鳝鱼 50 克
│ 蒜 15 克　细面 1 份
└ 盐 5 克　食用油 10 毫升

A
酱油 20 毫升
白糖 5 克
盐 5 克
胡椒粉 5 克

1 备好材料
将包菜洗净，切大块；蒜洗净，切片；鳝鱼洗净，切块；面条加盐氽烫备用。

2 爆香蒜片
起油锅，加入蒜片爆香，待蒜片呈现焦色，一半盛起备用。

3 煎香鳝鱼
放入鳝鱼煎香，煎至两面熟色，再加入材料 A，拌炒均匀即可盛盘备用。

4 熬煮蔬菜
起一锅 500 毫升水，放入包菜及另一半盛盘备用的蒜片熬煮至沸腾，再放入面条熬煮 2 至 3 分钟即可盛盘。

5 鳝鱼增香
放入炒过的鳝鱼即可食用。

海鲜乌龙面

脑黄金 · 30 MIN

海鲜与肉类的天然鲜甜全部融入在汤头中，简单调味便让整碗面增色许多；
选择海鲜食材，需把握新鲜原则，只要食材新鲜，汤头自然浓郁顺口。

材料（1人份）

- 虾仁 3 只
- 香菇 2 朵
- 葱 1 支
- 海瓜子 3 个
- 鲷鱼 30 克
- 猪瘦肉 30 克
- 乌龙面 1 份

A
- 盐 5 克
- 芝麻油 5 毫升
- 胡椒 5 克

1 备好材料
虾仁、海瓜子洗净；香菇洗净，切片；
猪瘦肉、鲷鱼切块；葱切末备用。

2 熬煮高汤
将虾仁、香菇、海瓜子、鲷鱼块及
猪肉块加 300 毫升水一起熬煮，至
食材熟透即可。

3 面条熬煮入味
放入面条及材料 A，搅拌均匀后，
继续熬煮至面膨胀后关火盛盘。

4 葱花增色
最后洒上葱花即可。

竹笙枸杞牛肉面

碳水化合物 · 25 MIN

竹笙及牛肉、金针一起熬煮的汤头十分清新爽口，很适合作为孕妈咪换季时的饮食选择；
夏末初秋微凉的夜晚，来碗温润汤头，怡人而舒爽。

材料（1人份）

牛肉 50 克　竹笙 30 克
干金针 30 克　枸杞 15 克
面片 1 份　盐 5 克

A　米酒 10 毫升
　　盐 5 克

1 备好材料
将竹笙泡在冷水里软化，剪掉蒂头并剥除上层竹膜即可；金针冷水泡软后，打结备用；牛肉洗净切小块；面片加盐氽烫备用。

2 焯烫金针
起一小锅水，放入金针焯烫，以去除多余杂质，捞起。

3 熬煮汤料
另起一锅 500 毫升的水，加入牛肉、竹笙、金针及枸杞一起熬煮至食材熟透。

4 面片入味
加入面片及材料 A 一起熬煮入味便可盛盘食用。

绿豆乌冬面

碳水化合物

10 MIN

孕妈咪可依自己喜欢的甜度，来增减砂糖的分量，
建议孕妈咪不要添加太多的砂糖，以免增加身体的负担。

材料（1 人份）

- 乌冬面 1 份
- 绿豆 100 克
- 砂糖 40 克

1 备好材料

绿豆洗净后泡水一晚；乌冬面盛盘备用。

2 炖煮绿豆

将绿豆与 600 毫升水一起煮至熟透。

3 拌入砂糖

加入砂糖搅拌均匀即可关火、放凉。

4 淋上汤料

将放凉后的绿豆汤料淋在乌冬面上即可食用。

Part 5

孕期 9、10 月
精选食谱

孕期 9、10 月，孕妈咪需要补充足够
的膳食纤维与硫胺素。怀孕后期，胎
儿逐渐增大，孕妈咪身体负担增加，
孕妈咪很容易产生便秘及内外痔的现
象，因此，必须摄取足够的膳食纤维，
并搭配良好的运动与排便习惯，才能
避免这种情况。另外，摄取足够的硫
胺素可以预防产程延长及分娩困难，
对孕妈咪来说也是非常重要的。

膳食纤维

功效：促进肠道蠕动，防止孕妈咪便秘

膳食纤维对人体有很多好处，例如促进肠道蠕动、预防痔疮、改善便秘、降低胆固醇、控制血糖等，对孕妈咪尤为重要，因此，怀孕后期的孕妈咪应该从饮食中补充足够的膳食纤维。

孕妈咪摄取足够的膳食纤维，能促进肠道蠕动，防止便秘的发生。怀孕后期，胎儿增大更为明显，很容易对孕妈咪的身体造成负担，因此要多摄取膳食纤维，以避免便秘的发生。

膳食纤维在胃部吸水膨胀后，体积会增大，使孕妈咪产生饱足感，进而有利于体重的控制。另外，膳食纤维进入肠道后，可以减少肠道对脂肪、蛋白质及胆固醇等物质的吸收，避免胎儿发育过大，造成生产困难。

膳食纤维还有一个很棒的特点，可以减缓食物糖分的吸收，可说是天然的"碳水化合物阻滞剂"。很多孕妈咪都会罹患妊娠糖尿病，需要严格控制血糖，这时摄取足够的膳食纤维，可以减缓糖分的吸收，达到稳定血糖的功效。

膳食纤维可以分为两种：水溶性与非水溶性，前者主要成分为果胶、阿拉伯胶之类的黏性物质，具有黏性，会溶于水中，变成胶体状；后者主要成分为木质素、纤维素及半纤维素等，虽然不溶于水，却可以吸附大量水分，进而促进肠道蠕动。

孕妈咪摄取足够的膳食纤维，还要补充大量的水分，膳食纤维才能发挥最大的效用。

富含膳食纤维的食物

许多食物都含有丰富的膳食纤维，像胡萝卜、土豆、南瓜、豆芽、芹菜、花菜、海带、芦荟、秋葵、苹果、木瓜、魔芋、燕麦和全麦面包等，其中根茎类蔬菜及果皮含量较多。

10月

硫胺素　功效：避免产程延长，造成分娩困难

孕期最后 1 个月，需要补充足够的钙、铁、维生素等，其中以硫胺素最为重要，孕妈咪需从饮食中充分摄取，才不会增加产程的困难。

硫胺素又称维生素 B_1，易溶于水，却很容易在加热过程中遭破坏，对神经组织及精神状态有重要影响，长期缺乏，可能导致横纹肌溶解症，甚至造成死亡。

硫胺素不足，孕妈咪容易出现全身乏力、疲累倦怠、头痛失眠、食欲不佳、经常呕吐、心跳过快、小腿酸痛等症状，严重者甚至还会影响分娩时的宫缩，延长产程，造成分娩困难。

硫胺素是人体必需营养素之一，与体内热量及物质代谢有很密切的关系，人体缺乏硫胺素时会出现全身无力、疲累倦怠等不适现象，因此，硫胺素对人体来说是很重要的营养素。

现代社会由于饮食精致化，摄取的硫胺素几乎是农业社会的一半，复杂的加工程序同时也降低了硫胺素的含量，正因如此，建议孕妈咪尽量选择粗粮来当主食，以增加硫胺素的吸收。

硫胺素多半存在谷物外皮及胚芽中，若是去掉外皮及碾掉胚芽，很容易造成硫胺素的流失，有些地方因为米粮过度精致化，导致因缺乏硫胺素而诱发脚气病的风行。另外，过度清洗米粒、烹煮时间过长、加入苏打洗米等行为，也会导致硫胺素的流失。

富含硫胺素的食物

许多食物都含有丰富的硫胺素，其中以海鱼、全谷类及豆类最为丰富，海鱼有鲑鱼、鲔鱼、鳗鱼、石斑鱼、带鱼、鳕鱼、鲳鱼、鲈鱼等，全谷类则有糙米、胚芽米、紫米、小麦、大麦等，豆类则有红豆、绿豆、黑豆、黄豆、花豆、皇帝豆等。

青酱鲑鱼洋菇面

青酱里面放有大量坚果，而坚果与鲑鱼同样都含有硫胺素，因此，
青酱鲑鱼洋菇面很适合作为怀孕后期的精选食谱之一，让孕妈咪不只吃得健康，也品尝满满美味。

材料（1人份）

- 罗勒 100 克
- 坚果 80 克
- 蒜头 70 克
- 乳酪粉 20 克
- 鲑鱼 50 克
- 洋菇 40 克
- 意大利圆面 1 份
- 橄榄油 10 毫升
- 意式香料 5 克

A 橄榄油 30 毫升

B 盐 5 克
胡椒 5 克

1 制作青酱

将罗勒、坚果、50 克蒜头与材料
A 一起放入果汁机中打匀，再加
入乳酪粉拌匀备用。

2 备好材料

鲑鱼洗净，切小块后去除鱼骨；
剩余的蒜头洗净，切末；洋菇洗
净，切片；面条汆烫备用。

营养重点

鲑鱼含有硫胺素以及丰富的蛋白质、钙、铁、B 族维生素、维生素 D、维生素 E 等营养素，营养价值极高；其单元不饱和脂肪酸占一半以上，并能提供 DHA、EPA，具备多重好处，包含预防视力减退、活化脑细胞及预防心血管疾病等，还可帮助钙质吸收及消除疲劳，对于孕妈咪而言是很棒的食材。

3 煎香鲑鱼

起油锅，放入鲑鱼煎香，来回翻动煎炒至鱼肉熟透。

4 意式香料增香

均匀地洒上意式香料后，来回翻炒 1 分钟即可盛盘备用。

5 炒香洋菇

利用煎鲑鱼剩下的油脂爆香蒜末，放入洋菇片炒香，再下面条来回炒匀。

6 放入青酱

放入青酱及材料 B 来回拌炒，使面条均匀地沾附到酱汁。

7 鲑鱼增添口感

最后放入煎香的鲑鱼块，略微拌炒即可盛盘食用。

韩式冷面

膳食纤维

15 MIN

孕妈咪有时会出现食欲不振的现象，这时可选择少量的泡菜来增进胃口，但建议搭配大量绿色蔬菜一起料理，营养会更均衡。

材料（1人份）🍴

┌ 泡菜 30 克　西蓝花 30 克
└ 细面 1 份　韩式辣椒酱 10 克

A ┌ 芝麻油 2 毫升
　 │ 白醋 5 毫升
　 │ 七味粉 10 毫升
　 └ 白芝麻 20 克

1 氽烫面条

起一锅水，氽烫面条，并选择适合的食具盛盘、放凉备用。

2 西蓝花烫熟

另起一小锅水，放入西蓝花焯烫后捞起备用。

3 调制酱料

准备一个小碗，将韩式辣椒酱与材料 A 搅拌均匀。

4 面酱拌匀

将调制好的酱料淋在面条上，搅拌均匀。

5 铺上蔬菜

铺上西蓝花及泡菜即可食用。

鲜菇乌冬面

鸿喜菇及香菇富含膳食纤维及矿物质等营养素，很适合作为此阶段孕妈咪的料理选择之一；
孕妈咪也可选择添加自己喜欢的蔬菜，增添料理的口感与营养。

材料（1 人份）

香菇 3 朵
蒜苗 10 克
鸿喜菇 20 克
乌冬面 1 份
食用油 5 毫升

A 酱油 5 毫升
乌醋 15 毫升

1 备好材料
鸿喜菇洗净后分成小朵；香菇切丝；蒜苗切斜刀。

2 爆香蒜苗

热油锅，爆香蒜苗。

3 拌炒菇类

放入鸿喜菇、香菇一起拌炒至香气传出。

4 加入乌冬面

再加入乌冬面来回拌炒，面炒熟即可。

5 调味增香
加入材料 A，搅拌均匀便可关火盛盘。

103

大卤面

自己在家动手做大卤面，材料新鲜、调料精准，
还可以在汤头里增添一点薄芡，整体口感会更顺滑。

材料（1人份）

梅花肉 60 克　香菇 2 朵　胡萝卜 15 克　木耳 40 克
豆腐 100 克　葱段 30 克　蒜末 10 克　粗面 1 份　太白粉 30 克
食用油 10 毫升　酱油 30 毫升　白糖 5 克　胡椒粉 5 克

A　芝麻油 15 毫升
　　乌醋 20 毫升

1 备好材料

梅花肉切片，放入一半太白粉抓腌；香菇切丝，蒂头斜切成薄片；胡萝卜、木耳、豆腐切丝；面条氽烫后盛盘备用。

2 材料炒香

热油锅，爆香葱段与蒜末，放入香菇、胡萝卜炒香。

3 加入木耳、肉片

再放入木耳、肉片一起拌炒，肉呈熟色后转小火，下酱油与白糖，酱料沸腾后加水盖过食材并转大火。

4 豆腐增添口感

汤汁沸腾后加入豆腐，并把剩余太白粉加水在小碗中拌匀后沿锅边加入，为防止勾芡结块及豆腐破裂，需沿着锅边做推移动作。

5 调味增香

起锅前加入材料 A 与胡椒粉，最后将炒好的食材淋在面条上即可。

馄饨面

简单而快速的料理手法，很适合没有太多下厨时间的孕妈咪。
具有膳食纤维的小白菜使汤头显得清甜可口，让人不禁一口接着一口。

扫一扫·轻松学

材料（1 人份）

馄饨 8 个　小白菜 40 克
高汤 300 毫升　粗面 1 份
盐 5 克

A　白胡椒 5 克
　　芝麻油 5 毫升

1 备好材料
小白菜洗净，切段；面条加盐氽烫备用。

2 熬煮汤料
高汤加少许盐，与馄饨一起烹煮，锅内需不停搅动，以防粘锅。

3 青菜增香
将小白菜放入高汤锅中一起熬煮，待小白菜熟后下材料 A 调味增香。

4 汤面合一
选择适合的食具，将面条放入，再将高汤锅里的汤料均匀地淋上后即可食用。

木须炒面

膳食纤维

20 MIN

添加丰富配料的木须炒面，料理程序简单又营养满分。
孕妈咪也可视情况，选择自己喜欢的食材加入料理。

材料（1人份）

猪瘦肉 50 克　木耳丝 30 克　胡萝卜丝 30 克
小白菜 30 克　豆芽菜 20 克　鸡蛋 1 个
细面 1 份　食用油 10 毫升　盐 5 克

A　酱油 20 毫升
黑胡椒 5 克
芝麻油 5 毫升

1 备好材料

鸡蛋打散；胡萝卜、木耳、肉片切丝；
小白菜洗净，切段。

2 炒香蛋、肉丝

起油锅，下蛋液，将鸡蛋炒香，再
下肉丝，拌炒至熟色。

3 加入蔬菜

加入胡萝卜丝、木耳丝拌炒至胡萝
卜软化熟透，再放入面条、小白菜
及豆芽菜一起拌炒。

4 调味增香

最后放入盐与材料A调味，拌炒均
匀即可起锅。

芦笋火腿意大利面

 膳食纤维

 25 MIN

享有"蔬菜之王"美称的芦笋，其膳食纤维含量丰富，可以起到润肠通便的作用，能防治孕期便秘。

材料（1人份）

方火腿 80 克　薄荷叶 15 克
意大利面 160 克　蒜瓣 8 克
芦笋 50 克　椰子油 10 毫升

A 盐 2 克
黑胡椒 3 克

1 备好材料

方火腿切成薄片；芦笋洗净去皮，切成小段；蒜瓣切成片；薄荷叶洗净、撕散，待用。

2 烫煮意面

意大利面倒入开水锅中大火煮 20 分钟至熟，转小火后将面汤盛出 2 大勺；再将芦笋倒入意大利面中，续煮 1 分钟，捞出食材待用。

3 炒制火腿

热锅倒入椰子油烧热，爆香蒜片，再加入火腿片炒匀。

4 加入面汤

倒入煮好的食材、面汤，熬煮至沸腾。

5 调味增香

加入材料 A，拌匀，放入薄荷叶，拌匀，盛出装盘即可。

三鲜汤面

膳食纤维

20 MIN

孕妈咪在此阶段的饮食不适宜只食用固定种类的食材，这样营养摄取极可能出现不均衡，建议选择多种食材来搭配，如此营养摄取会更全面。

材料（1 人份）

- 虾仁 8 只
- 香菇 3 朵
- 海参 30 克
- 猪瘦肉 30 克
- 细面 1 份
- 盐 5 克
- 芝麻油 5 毫升

A
盐 5 克
米酒 10 毫升

1 备好材料
虾仁洗净；香菇洗净，切薄片；猪瘦肉切薄片；海参洗净，切丝。

2 汆烫面条
面条加盐汆汤后，盛盘备用。

3 熬煮汤料
起油锅，放入肉片与香菇炒香，拌炒至肉片呈现熟色，再放入虾仁、海参、材料 A 与 500 毫升的水一起熬煮，沸腾便可关火。

4 汤面合一
将汤料均匀地淋在面条上即可。

什锦面疙瘩

 膳食纤维

 50 MIN

孕妈咪也可挑选自己喜欢的蔬菜，如南瓜、红薯或是山药一起制作面疙瘩；把喜欢的根茎蔬菜蒸熟后压泥，再与面团一起揉搓，制成面疙瘩来入菜。

材料（1人份）

虾米 20 克　上海青 45 克
木耳 30 克　胡萝卜 30 克
猪瘦肉 40 克　鸡蛋 1 个
食用油 10 毫升　盐 5 克
白胡椒 5 克

A　中筋面粉 100 克
　　盐 5 克

1 制作面疙瘩

将材料 A 与 80 毫升水揉搓成面团，醒 30 分钟后再揉成长条形；另煮锅滚水，取面团撕捏成片状后下锅，煮至浮起便可捞出。

2 备好材料

上海青洗净，切末；木耳、胡萝卜洗净，切丝；蛋打散；猪瘦肉切丝。

3 虾米爆香

起油锅，放入虾米爆香，倒入蛋液一起拌炒。

4 拌炒蔬菜

再加入木耳、胡萝卜、肉丝一起拌炒至胡萝卜软化，加入 500 毫升水、盐及白胡椒一起熬煮至沸腾。

5 汤面合一

最后放入上海青末及面疙瘩继续熬煮，上海青熟后即可盛盘。

豆菜面

 膳食
纤维

 15 MIN

豆芽菜经过简单的料理手法，反而保存了天然的脆甜，
口感清爽宜人，很适合孕妈咪作为晚餐来食用。

材料（1人份）

豆芽菜 80 克　蒜 20 克
粗面 1 份　盐 5 克

A 酱油 30 毫升
乌醋 10 毫升

1 备好材料
洗净豆芽菜后，捻去损坏的部分；
蒜切末。

2 氽烫面条
面条加盐氽烫后，选择一个适合的
食具，盛盘备用。

3 制作酱汁

取一小碗，放入蒜末与材料 A 搅拌
均匀。

4 焯烫豆芽菜

起一锅约 500 毫升的水，放入豆芽
菜煮至沸腾，捞起、沥干备用。

5 淋上酱汁
在面条上淋上酱汁后搅拌均匀，最
后铺上焯烫好的豆芽菜即可。

青酱鲜菇面

青酱的浓郁香气，提升了蘑菇与香菇的口感，也使得面条入口变得顺滑；
坚果富含硫胺素，放进青酱使用，让口感显得更有层次。

材料（1 人份）🍴

罗勒 100 克　坚果 80 克
蒜头 50 克　意大利圆面 1 份
香菇 4 朵　蘑菇 4 朵
橄榄油 5 毫升　盐 5 克

A 乳酪粉 20 克
　橄榄油 30 毫升

B 乳酪粉 5 克

1 制作青酱

将罗勒、坚果、蒜头与材料 A 放入果汁机搅打均匀。

2 备好材料

蘑菇、香菇洗净，切片；意大利面加盐氽烫备用。

3 菇类炒香

起油锅，放入香菇与蘑菇炒香。

4 加入面条

接着放入面条一起拌炒。

5 青酱增香

加入青酱后来回拌炒，使每一根面条都沾附到酱汁，盛盘后撒上材料 B 即可。

鲜蔬鲑鱼面

 硫胺素 40 MIN

鲑鱼油煎的鲜香与脆甜的西蓝花，因为白酱的润泽，显得更美味了。

材料（1 人份）

无盐奶油 70 克　面粉 70 克
鲜奶 150 毫升　鲜奶油 40 克
西蓝花 40 克　鲑鱼 80 克
贝壳面 1 份　盐 5 克
食用油 5 毫升

A　黑胡椒 5 克
　　盐 5 克

1 制作白酱
热锅后小火融化无盐奶油，分两次倒入面粉，期间不停拌炒以免烧焦，面粉糊发泡后倒入水，搅拌至乳液状，无结块时加入鲜奶，冒泡后关火，加入鲜奶油搅拌至其溶化。

2 备好材料
西蓝花洗净，分朵；鲑鱼洗净、切小块，并除去鱼刺；贝壳面加盐汆烫备用。

3 煎香鲑鱼
起油锅，放入鲑鱼煎香。

4 拌炒西蓝花
加入西蓝花一起拌炒，再将贝壳面放入拌炒。

5 面酱增香
最后下白酱及材料 A，来回拌炒均匀即可盛盘。

牛肉面片汤

 膳食纤维　25 MIN

孕期最后两个月，孕妈咪应避免食用过多的食品添加剂，
新鲜食材不需要繁复的料理工序及手法，吃进嘴里便是最美味的简单味道。

材料（1人份）

牛肉50克　胡萝卜50克
蒜15克　薄荷1小株
面片1份　盐5克

A
酱油20毫升
乌醋10毫升

1 备好材料
牛肉洗净，切小块；胡萝卜洗净，
切块；蒜切片。

2 汆烫面片
面片加盐汆烫备用。

3 熬煮汤头
起一锅500毫升的水，将牛肉、
胡萝卜及蒜片全部放入熬煮。

4 调料增香
沸腾后，加入材料A及面片一起
熬煮3至5分钟即可。

5 薄荷增色
盛盘后，放上薄荷增色即可。

青酱牡蛎面

膳食纤维　25 MIN

面条覆盖在上方可以加速牡蛎熟透，并且维持一定的鲜美细嫩，是料理牡蛎面点不可或缺的小秘诀。

材料（1 人份）

- 罗勒 100 克　坚果 80 克　蒜 70 克
- 牡蛎 50 克　意大利圆面 1 份
- 乳酪粉 20 克　橄榄油 5 毫升

A 橄榄油 30 毫升　**B** 乳酪粉 5 克

1 制作青酱

将罗勒、坚果、材料 A 与 50 克蒜头放入果汁机中打匀，再加入乳酪粉拌匀。

2 备好材料

牡蛎洗净；剩余的蒜切末；面条氽烫备用。

3 青酱增香

起油锅，放入面条炒香，再下青酱来回拌炒，让每根面条均匀地沾附酱汁。

4 加入牡蛎

待面条均匀地沾附青酱后，加入牡蛎稍微拌炒，让面条覆盖在牡蛎上焖煮 3 至 5 分钟即可。

5 乳酪粉增香

盛盘后洒上乳酪粉即可食用。

鲜虾洋菇青酱面

 硫胺素 30 MIN

虾相较其他肉类，热量较低，却拥有丰富的蛋白质，适合孕妈咪食用；
选购时，要挑选新鲜的虾，不新鲜的海鲜坏处很多，应避免购买。

材料（1 人份）🍴

罗勒 100 克　坚果 80 克　蒜头 50 克　乳酪粉 20 克
虾 3 只　蘑菇 8 朵　洋葱 20 克　意大利圆面 1 份
盐 5 克　橄榄油 15 毫升

A 橄榄油 10 毫升　**B** 意式香料 5 克

1 制作青酱
将罗勒、坚果、材料 A 与蒜头放入果
汁机中打匀，再加入乳酪粉拌匀。

2 备好材料
虾洗净，去肠泥；洋葱切末；蘑菇切片；
面条加盐氽烫备用。

3 煎香鲜虾

起油锅，放入虾煎香后，撒上材料 B 后
盛盘备用。

4 洋葱爆香

利用煎虾留下的油爆香洋葱。

5 蘑菇拌炒

加入蘑菇一起拌炒，下青酱、面条拌炒
均匀后盛盘，再铺上虾即可。

115

油豆腐汤面

将鸡高汤作为汤底，浮油需先捞起，以免汤头太过油腻，影响孕妈咪食欲；
搭配香菇、小豆苗、胡萝卜及油豆腐的汤头清爽可口，十分适合初秋食用。

材料（1人份）

- 小豆苗 30 克
- 鲜香菇 3 朵
- 油豆腐 3 块
- 胡萝卜 30 克
- 鸡高汤 300 毫升
- 细面 1 份
- 盐 5 克

A 盐 5 克

1 备好材料

小豆苗洗净；胡萝卜切片；油豆腐切块；香菇切粗丝；细面加盐汆烫备用。

2 熬煮汤料

起一锅水约300毫升，加入鸡高汤、香菇、胡萝卜、油豆腐熬煮至沸腾。

3 汤面合一

放入面条、小豆苗及材料A继续熬煮，小豆苗熟后即可盛盘食用。

清炖牛肉面

 膳食纤维 40 MIN

没有经过太多烹调工序的牛肉很适合孕妈咪食用，
加入轻甜的蔬菜与简单调味，便是一道富含营养的可口面点。

材料（1人份）

- 牛肉 40 克
- 小白菜 50 克
- 葱 1 支
- 细面 1 份
- 盐 5 克
- 食用油 5 毫升

A 芝麻油 5 毫升
  胡椒 5 克

1 备好材料
葱洗净切末；牛肉切块；小白菜
洗净切段；面条加盐氽烫备用。

2 牛肉炒香
起油锅，放入一半葱末爆香，再
下牛肉炒香。

3 熬煮汤料
加入 500 毫升的水熬煮至沸腾，
再放入面条、小白菜与材料 A 拌
煮均匀，继续熬煮至小白菜熟后
便可盛盘。

4 葱花增色
盛盘后，洒上剩余葱末即可。

117

猪肉鲜蔬面

硫胺素　25 MIN

孕妈咪若不想在猪肉切片上多下工夫，在选购食材时，
也可以直接选择火锅用的薄猪肉片，借以简化料理工序。

材料（1 人份）

- 猪肉 50 克
- 小白菜 50 克
- 昆布高汤 300 毫升
- 细面 1 份
- 盐 5 克

A
盐 5 克
胡椒 5 克

1 备好材料
小白菜洗净，切段；猪肉切薄片。

2 汆烫面条
起一小锅水，放入面条、盐汆烫，
备用。

3 肉片烫熟
另起一锅水，放入猪肉薄片汆烫，
备用。

4 熬煮蔬菜
起一锅 300 毫升的水，放入昆布高汤
一起熬煮至沸腾，放入材料 A 与小白
菜、面条继续熬煮，小白菜熟后放入
猪肉薄片，熬煮 1 分钟即可。

肉末蔬菜面

 硫胺素

20 MIN

蔬菜末与猪绞肉让面条的口感更有层次，
孕妈咪可以选择自己喜欢的蔬菜及肉类作替代，打造一道专属自己的面点料理。

材料（1 人份）

猪绞肉 40 克
胡萝卜 40 克
上海青 40 克
葱 1 支
细面 1 份
食用油 5 毫升
盐 5 克

A
芝麻油 5 毫升
胡椒 5 克
盐 5 克

1 备好材料

胡萝卜洗净，切丁；上海青洗净，切末；葱洗净，切末；面条加盐汆烫备用。

2 配料炒香

起油锅，爆香葱花，放入猪绞肉炒至熟色，再下胡萝卜炒香、炒软，最后放入上海青拌炒 3 至 5 分钟。

3 加水熬煮

加入 500 毫升的水一起熬煮至沸腾，放入材料 A 及面条拌煮均匀即可盛盘食用。

鸡丝荞麦面

硫胺素

20 MIN

荞麦面拥有丰富的营养成分，更包含有硫胺素，
孕妈咪可以选择它来作为自己的主食，比起白面条，口感更有层次。

材料（1人份）

猪瘦肉 40 克
葱 3 支
鸡高汤 300 毫升
太白粉 15 克
荞麦面 1 份
盐 5 克

A　盐 5 克
　　芝麻油 5 毫升

1 备好材料
猪瘦肉切成肉丝；葱切末；面条加盐氽烫备用。

2 肉丝抓腌
取小碗，放入肉丝与太白粉均匀抓腌备用。

3 熬煮汤料
起一锅 200 毫升的水，加入鸡高汤与猪肉丝一起熬煮，待猪肉呈现熟色，加入面条及材料 A 一起拌煮入味后，便可盛盘。

4 葱花增色
盛盘后，洒上葱花即可食用。

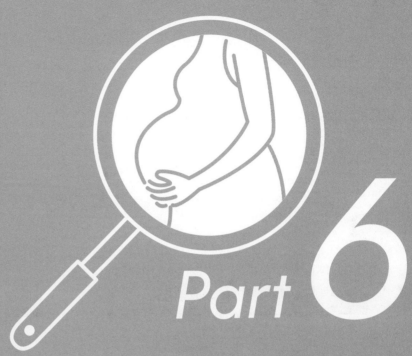

Part 6

孕期 40 周
相关知识

每个阶段的孕期都有必须熟知的小常识，这个单元把这些小常识通通集合起来，按照孕期先后，循序渐进地让读者了解相关知识，并开辟"准爸爸看护指南"，让准爸爸明白孕妈咪及胎儿的需求，因应另一半每个阶段的变化，做好万全准备，开心迎接新成员的到来。

怀孕月份

月

第 1 周

推算预产期的方式有几种：（1）可从最后一次生理期的第 1 天算起，如果末次生理期在 1 至 3 月，预产月直接以月份加 9；若末次生理期在 4 月之后，则以月份减 3 来计算，预产日等于天数加 7。（2）根据妊娠早期妇科检查，以子宫大小来推算。（3）依据超音波检查结果来推算。

第 2 周

初次怀孕的孕妈咪，经常不易察觉身体细微的变化，可能误食药物或忽略一些生活细节，因而对自己与胎儿产生不良影响。怀孕初期的身体反应与感冒症状有些相似，孕妈咪若是自行购买药物服用，不但达不到治疗效果，还有可能生出畸形儿，最好的办法便是请医师诊治。

第 3 周

孕妈咪应维持定时、定量的饮食习惯。部分孕妈咪碍于妊娠反应，或为保持优美体态，过分限制饮食，导致体力下降，甚至罹患多种妊娠并发症与合并症；部分孕妈咪则出现暴饮暴食的现象，造成肠胃功能紊乱，甚至一次摄食过多，导致胎儿供血不足，影响生长发育。

第 4 周

妊娠早期，胎儿对各种有害因素非常敏感，例如细菌、病毒、药物、放射线等，这些都可能导致胎儿产生缺陷，并使孕妈咪流产。要产下健康宝宝，孕妈咪可遵循以下几点：一、尽量适龄生产；二、营养均衡；三、养成良好的生活习惯；四、患有内科合并疾病时，治疗后再怀孕。

准爸爸
看护指南

1. 给予适当的生活及情绪引导

在另一半怀孕后，准爸爸应该表现出关心与体贴，不仅在家事及生活起居上给予协助，更应该注意另一半的思想与情绪，在最适当的时刻给予开导与抒解，减缓孕妈咪的心理压力。

2. 避免孕妈咪活动量过少

许多准爸爸因为珍视另一半，不仅将全部家务揽上身，还希望孕妈咪停止工作，担心其孕期中被碰撞。事实上，孕妈咪活动量过少，极可能导致体质变弱，甚至增加流产几率。

3. 预防孕妈咪感冒

孕妈咪怀孕期间，身体抵抗力下降，很容易感冒，准爸爸可准备富含维生素 C 的蔬果，防止感冒病毒侵入孕妈咪体内，并陪同孕妈咪外出散步，呼吸新鲜空气，以提高其身体免疫力。

4. 鼓励孕妈咪均衡饮食

准爸爸应确保孕妈咪摄取足够的营养。部分孕妈咪会有孕吐反应，进而食欲不振，准爸爸这时应该设法鼓励另一半克服恶心、呕吐，以少量多餐的方式摄取足够的营养。

怀孕月份

2月

第5周

在怀孕前几周，由于孕妈咪对于身体的各种新变化还没有完全适应，因此非常容易疲劳，经常想睡觉。而且，怀孕会促使黄体激素大量分泌，使脑部某些特定部位产生麻痹，这也会促使孕妈咪产生睡意。怀孕初期，孕妈咪每日必须睡足8小时，中午也可以养成午睡片刻的习惯。

第6周

孕妈咪在这个阶段应注意摄取足够的热量。由于需要大量储存脂肪，加上胎儿新组织的生成，孕妈咪的热量消耗会大于未怀孕的时候，热量需求会随着妊娠延续而增加，因此，孕妈咪必须确保自己摄取足够的热量，才能避免发生身体不适或胎儿过小的情况。

第7周

孕妈咪可以适度地做一些家务，把家务视为运动的一种，但是得注意不可超过自己的身体负荷。对于可能导致身体受伤的事情也必须避免，例如爬高、举手够物、搬移重物等，更不要长时间俯身，让腹部处在增压的状况。冬季也不可以长时间停留在室外，导致受凉而感冒。

第8周

孕妈咪出现腹痛现象要警觉，怀孕腹痛分成两类，生理性腹痛与病理性腹痛。生理性腹痛多半是由胃酸分泌过多引起的，有时还会伴随着孕吐，最好注意饮食调养；病理性腹痛，则可能出现下腹部疼痛，这时需注意，很可能是妊娠并发症，常见为流产先兆及子宫外孕。

准爸爸
看护指南

1. 帮助孕妈咪提升睡眠品质

怀孕初期，孕妈咪可能出现失眠症状，准爸爸应帮助另一半在睡前放松，避免让孕妈咪的情绪太过波动，可在她睡前给予一小杯鲜奶或是播放柔和的音乐，增进她的睡眠品质。

2. 保持妻子良好情绪

准爸爸必须协助孕妈咪维持良好的情绪，这对胎儿的生长发育以及顺利分娩都有很大帮助。孕妈咪情绪起伏可能十分剧烈，这时准爸爸要给予更大的包容，才能使另一半保持好心情。

3. 主动承担家务

准爸爸应主动揽起家里负担较重的家务，减轻孕妈咪的负担。像需要上下楼梯的扫地与拖地、把手抬高的晒衣服、搬运家里的重物等，准爸爸都应该主动承担，减少孕妈咪的负担。

4. 对孕妈咪腹痛有所警觉

准爸爸应注意另一半是否有腹痛，若有症状发生，应陪伴其及早就医，以免因病理性腹痛铸成大错。如若孕妈咪只是生理性腹痛，准爸爸需对她多加呵护，例如提醒走路步伐放慢等。

3月

第 9 周

孕妈咪不可食用太多油炸食物。因为经高温处理后，食物中蕴含的营养素会受到严重破坏，营养价值大幅降低，加上脂肪含量急速上升，也会造成营养难以吸收的情况。同时，孕妈咪妊娠后，消化功能下降，食用油炸食物容易产生饱足感，导致下一餐食量减少，因而对身体产生负担。

第 10 周

孕妈咪的饮食状况会影响宝宝未来的寿命。根据英国科学家发表的研究，孕期内饮食均衡的孕妈咪生出的宝宝，健康情况较好；反之，宝宝容易罹患心脏病跟高血压。另外，宝宝在胎儿时期的发育也与出生后的健康状况息息相关，因此，孕妈咪应从饮食中摄取均衡营养。

第 11 周

孕妈咪每天睡醒一定得吃早餐。从入睡到起床经过了很长一段时间，如果没有适时补充食物来供应血糖，孕妈咪会出现反应迟钝、注意力分散、精神萎靡甚至头昏、晕眩等症状。为了自己与胎儿的健康，孕妈咪就算没有吃早餐的习惯，也要在孕期中培养。

第 12 周

许多孕妈咪都有开车的习惯，当然，如果身体状况良好这是没问题的，但是应避免远途及长时间开车，以免发生疲劳驾驶的情况，如果长时间固定在驾驶座，孕妈咪的骨盆腔及子宫血液循环都会变差，极可能发生静脉血栓的危险。另外，还需避免紧张及紧急刹车等状况。

准爸爸
看护指南

1. 避免不良饮食

准爸爸要避免在孕妈咪面前食用油炸食物，以免勾起另一半对油炸食物的欲望。孕妈咪饮食最好以营养、清淡为主，准爸爸应避开所有让另一半不健康饮食的可能，展现自己的体贴。

2. 建立良好饮食习惯

孕妈咪在妊娠期间，需维持良好饮食习惯，摄取充足而均衡的营养，准爸爸可以从日常生活习惯做起，协助孕妈咪一起达成目标，甚至建构出整个家庭的良好饮食习惯，**并执行下去**。

3. 少吃罐头食品

罐头食品价廉物美，是很多家庭喜欢的食物之一，但包含太多食品添加剂，孕妈咪妊娠后要少吃。准爸爸应该在一旁适时提醒，让孕妈咪不要食用罐头食品，避免造成身体负担。

4. 开车应平稳

准爸爸开车接送孕妈咪时，在路途上应避免紧急煞车及驾驶不稳定，要秉持不让另一半担心的原则，严格遵守交通规则，拒绝违规行为，才能让孕妈咪整趟路程平安又放心。

4月

第 13 周至第 16 周孕期相关小常识

第 13 周

孕妈咪洗澡时间不宜过久。洗澡时浴室呈现通风不良的状态，湿度极高，导致空气中含氧量偏低，加上皮肤接触到热水，孕妈咪的血管容易产生扩张，血液多数流入四肢与躯干，较少血液流向大脑与胎盘，因此容易产生昏沉现象，孕妈咪洗澡时间过长，甚至可能造成昏厥。

第 14 周

胎教方式很多，其中最容易执行的便是"语言胎教"，孕妈咪与准爸爸可将生活中的小知识作为题材，再与胎动相结合，例如孕妈咪可在起床时，对胎儿说说话："宝贝，早安，今天的太阳好温暖，想不想出去晒晒太阳啊？"也可通过数胎动，与胎儿建立紧密的情感关系。

第 15 周

孕妈咪不分年龄，都应该进行母血筛检，以确保胎儿健康。虽然坊间常流传高龄产妇容易生下唐氏症宝宝，但据统计，高龄产妇仅占孕妈咪人口的 15%，而每年新增的唐氏症宝宝只有 17% 是高龄孕妈咪所生，大部分还是由年轻孕妈咪生出，因此，孕妈咪接受母血筛检才是最好选择。

第 16 周

孕妈咪不适合长时间仰睡或右卧睡。由于妊娠过程中，胎儿会不断增大，如果采取仰睡，增大的子宫会压迫到后方的腹主动脉，以及下腹静脉，因而影响子宫供血量，并妨碍胎儿吸收营养；右卧睡同样不利胎儿发育，孕期子宫往往不同程度地右旋，右卧睡则会加重这种现象。

准爸爸
看护指南

1. 让孕妈咪呼吸新鲜空气

氧气对胎儿的发育很重要，准爸爸应确保另一半处在充满新鲜空气的环境，尤其在冬季，经常因为寒冷而紧闭门窗，准爸爸这时可选择适当的窗户留下小缝，确保新鲜空气进到屋内。

2. 花时间陪伴

准爸爸在另一半的孕期过程中，应抽出足够时间陪伴。一起阅读妊娠相关书籍、挑选适合的影片、音乐，与她一同欣赏，都能使双方感到愉悦，这种正面能量也会完整地传递给胎儿。

3. 安抚孕妈咪的紧张情绪

怀孕过程中孕妈咪会面临许多检验结果，在结果出来的这段时间，心情难免紧张与波动，准爸爸这时要扮演安抚及稳定的角色，给予孕妈咪镇定的能量，才能保持胎儿的健康。

4. 提前学习育儿方法

准爸爸应该提前学习育儿方法，多涉猎这方面的书籍，才能让孕妈咪感到踏实与喜悦。宝宝出生是家庭的大事，准爸爸应该提前做好准备，为孕妈咪分担压力，才会使得家庭气氛更和谐。

第 17 周

孕妈咪切勿因为怀孕而将饭量暴增，例如原先每餐 1 碗饭，孕后刻意增加至每餐 2 碗饭，孕妈咪饭量加倍，不等于胎儿吸收的营养加倍，多吃的部分很可能变为孕妈咪身上多余的脂肪。因此，慎选富含营养素的食物，少吃油炸食物及食品添加剂，才是饮食的上上之策。

第 18 周

孕妈咪做好体重定期检查很重要，怀孕 18 周起，孕妈咪要特别注意体重，妊娠期间平均会增加 10 至 13 公斤，包含胎盘、胎儿及羊水的重量，约为 6 公斤，其余重量为孕妈咪的腰、腹组织及增加的血液的。如果孕妈咪过度肥胖，可能罹患妊娠高血压及糖尿病，影响母体及胎儿健康。

第 19 周

胎动在第 19 周更为明显了！胎动是胎儿与世界最直接的互动，好比在向世界宣誓："我的状况很好喔！"表现形式有呼吸运动、打嗝、滚动及踢动等，孕妈咪可以很明显感觉得到，甚至可与他互动。孕妈咪应该每日固定自数胎儿 1 个小时的胎动，建议选择在晚间 8 到 9 点进行。

第 20 周

孕妈咪在孕期第 20 周需小心维持身体平衡，并防止局部肌肉疲劳，可利用一些小方法来维持身体平衡，例如坐下时动作放轻，先坐到椅边，坐稳后再往后挪动身体；做家务时，双脚不要并拢站立，最好一脚微微向前，让双脚错开；拿取东西时，弯曲腰部与膝盖，将背部挺直等。

准爸爸
看护指南

1. 减轻孕妈咪坐骨神经痛

准爸爸须留心，避免孕妈咪过度疲累。为她准备平底鞋，或是让她卧在硬板床上休息，也可在膝关节后方垫上小枕头，让髋关节、膝关节曲起，使腰背肌肉、筋膜得到充分休息。

2. 每周为孕妈咪测量腹围

准爸爸可从本周开始，为孕妈咪测量并记录腹围，以皮尺围绕脐部一圈。孕妈咪的腹围通常在第 18 周至 24 周成长最快，第 34 周后成长会趋于缓慢，可由腹围记录查觉是否有异。

3. 注意胎动

根据统计，若胎动停止 12 小时，胎儿很可能已经失去生命迹象。准爸爸要协助一起记录胎动。胎儿安静或睡眠时胎动会减少，当孕妈咪轻拍腹部或进食，胎儿便会醒来开始动作。

4. 避免让孕妈咪喝冷饮

孕妈咪肠胃功能减弱，对冰冷的刺激非常敏感，冷饮一下肚，胃肠血管立即收缩，胃液分泌减少，消化功能也降低，进而引发食欲不振、腹泻等状况，准爸爸应努力避免这种情形。

第 21 周

一个健康的居住环境，才能让孕妈咪与胎儿维持愉悦的心情。室内最好保持干净整洁、光线明亮以及空气流通，室温则建议保持在孕妈咪最感舒服的状态，温度太高会使人精神不济；温度太低则容易着凉、感冒。此外，室内摆饰也要以孕妈咪的安全为优先。

第 22 周

不是所有运动都适合孕妈咪，幅度及强度较剧烈的运动应避免。例如举重及仰卧起坐，这两种运动都会妨碍血液进入肾脏与子宫，进而影响胎儿的安全；也不可跳跃、快跑、忽然转弯及弯腰，或是长时间运动，这些都会引起孕妈咪的不适反应，应该尽量避免。

第 23 周

孕妈咪应避免打麻将，否则可能对母体及胎儿造成伤害。打麻将时通常会跟着牌桌输赢情况而导致孕妈咪情绪高低起伏，甚至处于患得患失、喜怒无常的状态，而现场空气污浊，也容易导致孕妈咪激素分泌异常。打麻将的空间通常烟雾弥漫，即使孕妈咪本身不吸烟，也很容易吸到二手烟。

第 24 周

孕期迈入第 24 周，孕妈咪若出现腹泻反应，不可忽视或自行服药，应立刻就医，查出确切原因。医生在治疗孕妈咪时，会以黄连素为首要选择，加入蒙脱石散剂收敛肠道水分，也会进行液体治疗（俗称补液），确保电解质平衡。饮食方面，以半流质为主，不必禁食，以维持孕妈咪应有的体力。

准爸爸
看护指南

1. 为孕妈咪挑选一双好鞋

孕妈咪怀孕后，脚形会改变，这时准爸爸可体贴地为她挑选一双适合的鞋子，应选择低鞋跟、宽鞋头、可止滑的鞋子，这种鞋有利孕妈咪脚部的血液回流到心脏，能防止下肢水肿。

2. 体贴孕妈咪的不便

很多孕妇装的拉链设置在背后，孕妈咪随着孕期延长，动作也会越来越不灵巧，拉上背后拉链对她们而言具备一定难度，准爸爸应主动协助另一半，别等孕妈咪开口才帮忙。

3. 关心孕妈咪的膳食营养

准爸爸作为家中预备大厨，终于可以大展身手啦！这个阶段的孕妈咪需要从饮食中补足一定的营养素，准爸爸需按照另一半所需，为她准备富含营养的膳食，确保母体及胎儿的健康。

4. 提醒孕妈咪谨慎使用外用药

孕妈咪在妊娠期间，应谨慎用药，外用药会透过皮肤，经由血管让胎儿吸收，可能损及胎儿健康。准爸爸陪同孕妈咪到医院产检时应询问清楚，并在另一半妊娠期间时时留心、提醒。

第 25 周

孕妈咪在怀孕后，由于内分泌的变化，心理及情绪都会产生波动。进入怀孕后期之后，由于胎儿急速生长，孕妈咪的负担会加重许多，加上即将分娩，心理及生理压力都会增大，情绪容易焦躁不安，甚至是突然激动，这时候准爸爸与家人应给予适当的体谅与包容。

第 26 周

水虽是人体不可或缺的重要元素，更是生命之源，但孕妈咪不可摄取过多的水分，以免对身体产生负担，多余的水分排不出去而在体内蓄积，会引发水肿。孕妈咪每日进水量建议为 2240 毫升，除一天的固定进水量，三餐食物所含的水分，也应该全部计算进去才是准确数值。

第 27 周

性格养成是宝宝心理发育的重要发展之一，更是其人生发展中不可或缺的重要环节，通常在胎儿时期便会形成。孕妈咪的子宫是胎儿生长的第一个环境，小生命在里头的感受会直接影响其将来性格发育与形塑。孕妈咪为培养宝宝良好的性格，应尽力做到不发脾气，并时时保持开心。

第 28 周

孕妈咪若是不小心摔跤，应避免过度紧张，首先要镇定，接着需仔细观察自己是哪个部位受到碰撞，挤压程度是否严重。摔跤时，若撞到腹部或全身重摔，都可能影响到胎儿，甚至可能使胎盘剥离，若是胎盘与子宫壁分开，胎儿会得不到氧气与营养供给，严重时甚至会死亡。

准爸爸
看护指南

1. 体谅孕妈咪的情绪起伏

孕妈咪越接近分娩时刻，情绪起伏越大，这是一种自我保护的心理状态，对于这种情况，准爸爸要多加理解，并主动释出善意，从日常生活中给予体贴及关心，安抚另一半的情绪。

2. 陪同孕妈咪进行产检

长期精神紧张的孕妈咪，容易罹患妊娠高血压，首次妊娠的年轻、高龄孕妈咪同样可能罹患，准爸爸应该好好注意另一半产检的结果，才能从生活中做起，一起维护孕妈咪的健康。

3. 带领孕妈咪感受大自然

大自然给予人类无限的美好，人们在自然环境中往往不自觉地放松身心，并保持好心情。准爸爸若能做好一切准备，再带领另一半一起徜徉在大自然中，孕妈咪一定可以拥有好心情。

4. 拥有紧急应变能力

孕妈咪若是不慎摔跤，准爸爸应保持镇定，并尽快将另一半送至医院检查，途中需不停轻声安抚孕妈咪的情绪，切勿大声责骂，以免让孕妈咪的情绪更加波动，造成情况恶化。

第 29 周至第 32 周孕期相关小常识

第 29 周

若是双胞胎妊娠，孕妈咪的早孕反应会较严重，持续的时间也较长，下肢水肿及静脉曲张、妊娠高血压、羊水过多的几率都较高，而且在分娩时，很容易出现产程延长、胎盘早期剥离、胎位不正的现象。孕妈咪怀有双胞胎需注意营养的摄取及适当休息，每日应补充足够的睡眠，方能顺产。

第 30 周

迈入孕期第 30 周，孕妈咪应做好心理调节以迎接分娩。在体力、情感及心理状态各方面，孕妈咪开始经历一个异常脆弱的时期，担忧自己保护胎儿的能力减弱而显得小心翼翼。其实过度的担忧是不必要的，孕妈咪应做好心理调节，才能以最佳状态迎接新成员的到来。

第 31 周

很多孕妈咪认为看电视既有声音又有图像，可以算是胎教的一种，事实上，这种想法是错误的，长时间看电视，对孕妈咪跟胎儿都会产生不良影响。电视机的显像管在高压电源激发下，向萤光幕持续发射电子流，会产生对孕妈咪不好的高压静电及大量正离子。

第 32 周

妊娠期间，身体会做好分娩准备，腰背韧带会变软并具有伸展性，所以孕妈咪弯腰时，关节韧带被拉紧，就会感觉到背痛，随着胎儿长大，脊椎弯曲度增加，弯腰时更容易感到腰背疼痛。孕妈咪可通过穿平底鞋、避免提重物、不采取弯腰姿势工作等方式来减轻腰背疼痛。

准爸爸
看护指南

1. 提高孕妈咪睡眠品质

孕妈咪进入怀孕晚期后腹部迅速变大，不仅容易感到疲累，还会出现水肿、静脉曲张等不适，夜晚经常无法安眠。面对这种情况，准爸爸应更加体贴另一半，并主动准备温水供其泡脚。

2. 适时抚摸

胎儿与父母是互相依恋的，抚摸是准爸爸用来与胎儿沟通的好方式，既可以刺激胎儿触觉，还可以促进其感觉器官及大脑发育，孕妈咪也可以直接感受到另一半对胎儿的关爱及用心。

3. 可给胎儿一些刺激

胎儿的发育需要各种刺激与锻炼，不仅是物质上的，精神上也很需要。准爸爸可与另一半适当地开玩笑、看戏剧、短途旅行等，让孕妈咪的情绪向正面发展，为胎儿提供良好影响。

4. 避免孕妈咪腰背疼痛加剧

准爸爸应主动为孕妈咪提重物，并提醒另一半穿平底鞋、坐下时需挑有靠背的椅子，并保持背部挺直、转身时应该移动脚步，不要只扭腰、避免弯腰姿势等，以减缓孕妈咪的疼痛。

怀孕月份

9 月

第 33 周至第 36 周孕期相关小常识

第 33 周

临近分娩时刻，孕妈咪可能产生气喘现象，由于子宫增大，使横膈膜升高压迫到胸腔，导致孕妈咪呼吸不顺畅，如果用力做事，甚或是讲话，都会感到透不过气来，当胎儿的头部进到骨盆后，气喘现象便可得到疏解。孕妈咪感到气喘时，需要多休息并缓和呼吸，情况会得到改善。

第 34 周

部分孕妈咪喜欢喝果汁，并在饮用过程中添加糖、蜂蜜或柠檬等食材，但家庭自制果汁时，一定要秉持现榨现喝的原则，不仅营养素可以完整保留，也不用担心细菌进到果汁里，造成孕妈咪的身体负担。水果最好是新鲜食用，若还是想榨汁，果汁机务必要保持干净。

第 35 周

有一些人认为野生动物的营养价值高，对孕妈咪滋补身体很有好处，这是错误的观念。野生动物在野外生长，容易感染寄生虫，或携带各种病毒与细菌，甚至是人类未知的致病细菌，部分不法之徒还会使用毒饵将野生动物猎杀，食用后，对母体与胎儿都会产生不良影响。

第 36 周

孕期迈入第 36 周，胎儿的视神经及视网膜尚未发育完毕，这时胎儿最喜欢的光亮，是透过母体腹壁，进到子宫的微弱光线。孕妈咪可以挑选适当时机让胎儿享受晴朗的阳光，在阳光和煦的日子里到公园或郊外走走，将手轻放到腹壁上对胎儿说话，对胎儿都是很棒的刺激。

准爸爸看护指南

1. 具备充足的耐心

孕妈咪怀孕后期，睡眠品质会变差，有时一晚可能醒来好几次，甚至可能唤醒准爸爸闲聊，这时准爸爸千万不能发脾气，认真聆听并积极回应，才能让孕妈咪的情绪得到平复。

2. 陪孕妈咪购置婴儿用品

准爸爸可以陪同另一半挑选适合的宝宝用品，无论是婴儿车、摇篮还是奶瓶等，都可以与孕妈咪一起购买，不仅可以备齐宝宝出生后会使用到的物品，也可以增进夫妻及亲子感情。

3. 增进孕妈咪午睡品质

孕妈咪大多有午睡习惯，但随着胎儿长大，午睡品质也越来越下降，准爸爸可以适度帮忙，例如准备床边故事及笑话，让另一半在短时间内便能进入睡眠，甚至传达喜悦给胎儿。

4. 准备适合的胎教音乐

准爸爸可为另一半及胎儿准备适当的音乐，如古典音乐、轻音乐、自然音乐等类型都是很棒的选择。胎儿在 4 个月大时听觉开始发展，因此利用音乐来进行胎教互动也是很好的方式。

怀孕月份

10月

第 37 周至第 40 周孕期相关小常识

第 37 周

怀孕晚期，孕妈咪动作开始变得笨拙，部分孕妈咪会选择持续工作到分娩前一天，有些则会提前在家休息，如何选择，其实都要根据各自的工作内容及身体状况而定。如果孕妈咪不知道该如何选择，可以把工作环境、性质及劳动强度等信息告诉医生，再请他提出专业建议。

第 38 周

妊娠 9 月可能出现很多情况，例如见红，由于临近分娩，子宫下段不停拉长，子宫颈发生变化，子宫下段及子宫颈口附近的胎膜与子宫壁分离，微血管破裂造成见红。也可能发生频尿、阵发性腹痛，尤其是后者，若孕妈咪腹痛频率增强至 5 分钟 1 次，每次持续 30 秒，便是分娩的前兆。

第 39 周

宝宝快出生了，孕妈咪可以和胎儿聊聊怎么出世的话题，提前与他轻声沟通，不仅借此安抚自己的紧张心情，更增加分娩的临场感，这时候也可以邀请准爸爸一起加入对话，让胎儿尚未出生便从母体感受到孕妈咪与准爸爸对自己的欢迎，养成出生后充满爱的美好性格。

第 40 周

孕妈咪的胃部不适在这一周会减轻，食欲也会增加，在这样的状况之下，孕妈咪摄取的营养是充足的，只需注意心情调适，维持饮食均衡即可。这个阶段应限制脂肪与碳水化合物的摄取，以免胎儿发育过大，增加分娩难度，并尽量避免在外用餐，以确保食材的质量。

准爸爸
看护指南

1. 为孕妈咪坐月子提前准备

现代社会，孕妈咪在坐月子的方式上有很多种选择，例如坐月子中心或是娘家、婆家长辈照护等，准爸爸应提前与另一半商量好，并依照她喜欢的方式进行，才能让孕妈咪安心分娩。

2. 使孕妈咪心情放松

分娩对孕妈咪来说是生命的里程碑，也是家庭新增成员的重要时刻，准爸爸在此时应做好孕妈咪的心理建设，主动陪同另一半进行分娩呼吸练习，这样才不会在分娩时显得手忙脚乱。

3. 提前完成备忘录

孕妈咪即将分娩时，整个人笼罩在兴奋而紧张的情绪里，对于应携带的物品可能无法如平常详尽，这时准爸爸可以主动帮忙，在白纸上增列清单，不管是事情还是物品，通通一网打尽。

4. 保持镇定并建立孕妈咪乐观心情

分娩时，很多准爸爸常比孕妈咪紧张，不但派不上用场，有时还会增添不必要的麻烦，因此这一周，准爸爸要保持镇定，并为孕妈咪建立乐观心情，这样才能欢喜迎接家中新成员。

孕期 10 月 Q&A

8 个孕妈咪 & 准爸爸最常咨询的问题

Q1 以排卵检测药来做怀孕准备的依据，这个做法合适吗？

A1 若是确定女性妇科病历以及子宫、卵巢和输卵管都是否健康状态，使用这种方式一般来说都是准确的。测定排卵期的方式有很多，包含排卵检测药、基础体温检查、超音波检查、性激素检查等，女性可选择一种最适合自己的方式来进行。

Q2 怀孕 8 周，检查时看不见胎儿，请问这是流产吗？

A2 排尿后进行 B 超检查、算错怀孕时间等都会导致无法看见胎儿。前者需在母体膀胱充满尿液时，做 B 超时才能准确地拍下画面；后者应从最后一次生理期结束的第 14 天（排卵期第 1 天）算起，但每个人状况不一，有时会出现误差。

Q3 怀孕期间可以与宠物朝夕生活吗？

A3 孕妈咪最好不要与宠物一起生活，否则很容易感染人类没有的弓形体原虫等各种病菌。孕妈咪若是本来就有饲养宠物，建议先找个合适的地点寄养，如乡下的亲戚、朋友家等，待宝宝出生后，家庭已建构不错的生活节奏，再把宠物给接回较好。

Q4 有没有顺利度过孕吐的好方法？

A4 孕妈咪在孕吐期间，应该努力保持自家情绪的稳定，否则，孕吐反应很可能会变得更加剧烈。根据研究，我们可以知道孕妈咪保持放松的精神状态，身体状况会因此改善许多，精神状态越紧张的孕妈咪，孕吐状况越严重。

准爸爸解惑专区

1. 高龄产妇

现代人晚婚，电视节目及日常生活中常听到"高龄产妇"这个名词。根据世界卫生组织的定义，凡是年龄超过 35 岁的孕妈咪都会被归类为高龄产妇。相较适龄产妇，这些女性在生产时会面临更多难题与挫折，例如更易罹患妊娠高血压、妊娠糖尿病等。

2. 试管婴儿

以人工方式取得精子与卵子后，在培养液中受精，并将受精卵移到女性子宫中着床，受精卵顺利长成胎儿，并平安地被母体诞下，这种出生方式的宝宝被称为试管婴儿。很多罹患不孕症的夫妻，都是通过试管婴儿的方式成为爸妈。

3. 子宫外孕

一般情况，受精卵应该在孕妈咪的子宫着床生长，等待诞生；子宫外孕则是指受精卵在子宫以外的地方着床，例如输卵管、卵巢等邻近器官。出现子宫外孕一定要及早手术，否则会造成孕妈咪的身体负担，严重者还可能丧失性命。

Q5 孕期中可以使用微波炉吗?

A5 对于行动不如以前方便的孕妈咪来说,微波炉是很好的帮手,不仅操作方便,而且快速。不过微波炉的电磁波对胎儿会产生不良影响,孕妈咪应避免在机器运转时,直接站在正前方,以免对母体及胎儿造成不好的影响。

Q6 常听说妊娠期间罹患糖尿病的孕妈咪很多,可以使用代糖产品来避免这个问题吗?

A6 阿斯巴甜、糖精、食用苏打等代替糖分的物品,都含有人工添加剂,从营养学的角度来看,对人体没有好处,建议孕妈咪最好不要刻意食用,否则反而容易对身体产生负担。孕妈咪取得糖分最好的方式是从蔬果中摄取,而不是从后天加工的合成食品中摄取。

Q7 乳房小的孕妈咪分泌的乳汁会较少吗?

A7 乳汁分泌的多寡,取决于激素,与乳房大小无关。小乳房相较大乳房,对性的刺激更容易感到敏感,越是小乳房,大脑神经越能快速传递性的刺激,进而促进乳汁的分泌。

Q8 生完宝宝牙齿会变差吗?

A8 虽说胎儿成长与发育的过程需要大量的钙,但就此认定孕妈咪身上的钙会被胎儿吸取,是没有科学根据的。产后牙齿变差的孕妈咪,通常是孕期中疏忽对牙齿的保健所致,因此只要做好牙齿清洁、补充足够钙质、避免食用高糖食物,孕妈咪无需过于担忧。

准爸爸解惑专区

1. 精神焦虑

孕妈咪在妊娠期间,由于身体及心理发生变化,加上自律神经不稳定,对微弱的刺激也会产生反应,可能表现出兴奋或不安。而传统习俗对妊娠更是有诸多禁忌及限制,也可能导致孕妈咪压力过大,进而造成精神焦虑。

2. 妊娠健忘症

"我要做什么?"孕妈咪经常出现这样的疑问,甚至在过度思考时感到头昏脑胀,这些都是妊娠健忘症的症状。由于孕妈咪把注意力全部集中在胎儿身上,加上身体较容易疲惫,因此思考能力很可能暂时性地降低,这是一种常见的孕期生理现象,无需过于忧心。

3. 胎位不正

胎位不正是指胎儿处在颠倒(臀位)或侧躺(横位)的状态。这种状态虽说可以通过外转手术将胎儿的位置转正,但手术后又回归原状的例子也很多,如果分娩前胎儿还是没有恢复到正常位置,一般就需要进行剖宫产手术。

图书在版编目（CIP）数据

够营养 100 道孕妈咪百变面点 / 孙晶丹编著 . -- 乌
鲁木齐：新疆人民卫生出版社，2016.9
ISBN 978-7-5372-6683-3

Ⅰ．①够… Ⅱ．①孙… Ⅲ．①孕妇－妇幼保健－面食
－食谱 Ⅳ．① TS972.164

中国版本图书馆 CIP 数据核字 (2016) 第 179409 号

够营养 100 道孕妈咪百变面点

GOU YINGYANG 100 DAO YUNMAMI BAIBIAN MIANDIAN

出版发行	新疆 人民出版总社 新疆人民卫生出版社	
责任编辑	白霞	
策划编辑	深圳市金版文化发展股份有限公司	
摄影摄像	深圳市金版文化发展股份有限公司	
封面设计	深圳市金版文化发展股份有限公司	
地　　址	新疆乌鲁木齐市龙泉街 196 号	
电　　话	0991-2824446	
邮　　编	830004	
网　　址	http://www.xjpsp.com	
印　　刷	深圳市雅佳图印刷有限公司	
经　　销	全国新华书店	
开　　本	200 毫米 ×200 毫米	24 开
印　　张	6	
字　　数	54 千字	
版　　次	2016 年 11 月第 1 版	
印　　次	2016 年 11 月第 1 次印刷	
定　　价	29.80 元	